绿氢发展与展望

全球能源互联网发展合作组织

中国电力出版社
CHINA ELECTRIC POWER PRESS

前　言

近年来，随着中国及世界其他主要国家陆续提出碳中和的发展目标，能源清洁转型越来越受到世人的关注。能源转型的关键是实现"两个替代"。在能源供应侧，水、风、光等可再生能源占比不断提升，但新能源的随机性和波动性对能源系统提出了更高的灵活调节需求；在能源消费侧，电气化趋势日益明显，然而航空、航海、工业高品质热、化工、冶金等领域难以依靠电力直接满足用能需求，也就难以实现零碳可再生能源代替传统化石能源，亟须提出新的解决思路。

氢作为一种清洁、零碳、高效、可持续的能量载体，为深化能源清洁转型，全面实现"两个替代"提供了可选的解决方案。当前绝大部分氢由化石能源生产，直接用作能源并不能达到脱碳的目的。利用风、光等可再生能源生产绿氢，做到从供应到消费的全过程脱碳，才能实现借助氢能达成能源脱碳。

绿氢来自可再生能源，在难以直接用电的终端用能领域，绿氢是重要的零碳解决方案，成为从风、光等可再生能源到终端用能之间的纽带，实现间接电能替代甚至是电的"非能利用"，推动用能侧的全面电气化。氢相对于电更容易实现大规模存储，电与氢的相互转化将为以新能源为主体的新型电力系统提供重要的长时间尺度灵活调节能力，促进可再生能源的开发与消纳，助力能源供应的清洁替代。电氢紧密耦合将成为碳中和情景下新型能源系统的重要特征，并结合生物质、地热、天然气等多种能源形式，共同构建互联互通的现代能源网络。氢能有望成为第三次能源变革的重要角色之一，与电能共同实现未来能源系统的清洁、低碳和可持续发展。

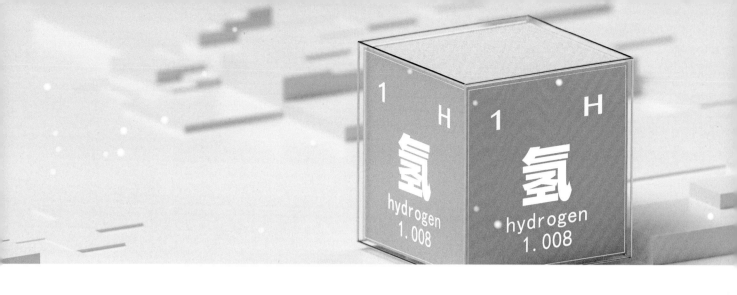

　　本报告从需求、生产和配置三个角度，结合氢产业链的不同环节，分别梳理氢应用、氢制备、氢储运方面的技术现状，对比不同技术路线的经济性，提出未来关键技术研发方向；结合碳中和能源情景和技术发展趋势的分析，研判未来氢能需求的规模；基于清洁能源资源评估成果，研究绿氢制备的潜力和经济性。在此基础上，报告构建了电-氢零碳能源系统的统筹优化分析模型，以全系统用能成本最低为优化目标，提出了中国远距离、大规模氢能配置的方案。

　　本报告集合了全球能源互联网发展合作组织对氢能的相关研究成果，旨在使读者掌握绿氢产业应用、制备、储输等环节的技术现状和发展趋势，为政策制定者全面了解氢能发展前景、制定相关政策、规划发展路径提供参考。受数据资料和编写时间所限，内容难免存在不足，欢迎读者批评指正。

摘　要

氢是重要的化工原料，也是一种高效的零碳能源，未来在能源领域潜力巨大。当前绝大部分氢是由化石能源生产的灰氢，直接用作能源并不能实现脱碳目的。利用风、光等可再生能源生产绿氢，做到从供应到消费的全过程脱碳，发展氢能才能实现能源脱碳。绿氢来自绿电，在难以直接用电的领域使用绿氢相当于间接实现电气化。构建电-氢协同、高效灵活、互联互通的零碳能源体系，能够进一步加快实现能源领域全面脱碳，助力实现碳中和。

报告分析了多种制氢技术、氢储运技术和能源、交通、化工等行业的用氢技术，进行技术研判和经济性预测。从经济社会发展、能源系统转型和各行业用能需求出发，对中国未来绿氢需求进行了预测；基于全球能源互联网发展合作组织在清洁能源发电技术、全球清洁资源评估等领域的研究成果，对中国绿氢开发潜力和成本分布进行了量化评估。报告构建了电-氢零碳能源系统的统筹优化分析模型，结合不同的输送场景，初步提出管道输氢与输电代输氢相结合的远距离、大规模绿氢配置的优化方案。

制氢技术方面，利用可再生能源电解水制备绿氢具有显著的清洁低碳优势，发展潜力巨大。电解水制氢包括碱性电解槽（AEC）、质子交换膜电解槽（PEM）和高温固体氧化物电解槽（SOEC）等三条技术路线。当前，用电成本占绿氢成本的 70%～80%，随着可再生能源发电成本的下降、电制氢技术的进步和化石能源制氢碳的排放成本的增加，预计到 2030 年前后，绿电制氢成为主流的制氢方式。制氢技术的研发方向包括，高效大功率碱性电解技术，低成本质子交换膜电解技术和长寿命高温固体氧化物电解技术等。

　　储氢技术方面，主要储氢技术包括气态储氢、液态储氢和材料储氢等。高压气态储氢技术成本低，能耗小，易脱氢，是发展最成熟应用最广泛的储氢技术，是大规模固定式储氢的最优选择；低温液态储氢和固态储氢材料将用于对空间要求较高的场合；液氨储氢、有机液体储氢等具有储氢质量分数高和储氢条件温和的优势，将在氢的远途运输中发挥作用。储氢技术的研发方向包括氢液化技术、高压氢储罐技术和固态储氢材料技术等。

　　输氢技术方面，主要输氢技术包括管道输氢、陆路交通输氢、水路交通输氢以及输电代输氢等。各类输氢技术具有各自的特点，适用于不同场景。对于小规模近距离的陆上输氢，如城市内部或区域之间的中短距离氢气配送，平均运量小于 10t/日，将以气氢拖车运输为主，单位输氢成本在 3~6 元/kg。小规模中距离的陆上输氢，将以液氢槽车为主，单位输氢成本在 5~10 元/kg。大规模远距离输氢，如从大规模绿氢生产基地向城市门户的氢气输送，将以管道输氢和输电代输氢相结合。当前纯氢管道建设成本约为天然气管道的 1.5 倍，运能在 200 亿 m^3/年左右的输氢管道成本约 2000 万元/km；预计到 2030 年，纯氢管道制造技术、减压和调压技术成熟，纯氢管道建设成本将下降至与当前天然气管道成本相当的水平；到 2050 年，纤维增强聚合物复合材料等新型输氢管道实现商业应用,大规模输氢管道网损进一步下降,输氢成本达 2 元/kg 左右。

　　用氢技术方面，绿氢的应用是绿电的延伸，也是实现化工、冶金、航空、工业高品质制热等行业间接电能替代的重要途径。绿氢在化工领域主要用于合成氨、甲醇、甲烷等燃料或原材料，替代传统工艺中的灰氢，该领域技术成熟，推广程度主要取决于碳约束政策和绿氢经济性。绿氢在冶金领域可以作为还原剂生产直接还原铁，替代煤炭、天然气，氢冶金是实现钢铁行业脱碳的重要解决方案。绿氢在发电领域的应用将以燃料电池和氢燃气轮机两条技术路线并举，为系统提供长时间尺度的调节能力和供电安全保障。绿氢在交通领域的应用主要包括公共交通、重卡、轮船、飞机等难以实现直接电气化的应用场景，以氢燃料电池公交车、氢燃料电池卡车等为主。氢应用技术的研发方向包括，氢燃料电池和燃气轮机技术，绿氢制氨、甲醇、甲烷等绿氢化工相关技术，氢燃料电池汽车、氢能飞机、氢能轮船等氢能交通相关技术，纯氢钢铁冶炼技术以及氢制热技术等。

绿氢需求方面，根据全球能源互联网发展合作组织提出的实现碳中和的总体思路及各领域脱碳的行动方案，结合各行业用能需求、原材料需求和用氢技术发展水平，报告对未来中国绿氢需求进行了预测。根据绿氢使用技术发展趋势和经济性研判，结合中国用能结构和特点，绿氢将重点在工业、发电和交通等领域发挥重要的减碳作用。预计到 2030 年，中国绿氢需求 400 万 t 左右，并进入快速增长阶段；到 2050 年，绿氢需求量将达 6100 万 t。其中，工业领域新型绿氢化工、冶金、制取工业高品质热氢需求量共计 3600 万 t，交通领域氢需求量 1550 万 t，其他领域包括发电、建筑等用氢约 950 万 t。到 2060 年，绿氢需求 7500 万 t，石化等传统工业用氢 2000 万 t，仍由其工业过程氢满足，用氢总量达 9500 万 t，占终端能源消费的 10%。考虑碳排放成本后，绿氢代替化石能源在工业、发电、交通等领域应用的经济性优势将加速到来，绿氢产业的启动将提前 3~5 年。

绿氢开发潜力方面，报告构建了绿氢制备潜力评估算法与成本优化模型，完成中国绿氢制备潜力评估以及成本分布研究。结果表明，绿氢生产潜力极大，中国绿氢的技术可开发上限为 37 亿 t/年,达到 2060 年总用氢需求的 40 倍左右。

绿氢经济性方面，到 2030 年左右，中国西部和北部条件较好地区的绿氢制备成本可低至 15～16 元/kg，绿氢经济性优势逐渐显现；到 2050 年，中国绿氢生产成本达 7～11 元/kg，2060 年进一步下降至 6～10 元/kg，西部和北部条件较好地区可低至 5～7 元/kg，绿电制氢成为最主要的氢生产方式。

绿氢配置研究方面，绿氢来自绿电，也可以通过燃料电池或燃氢轮机等发电，二者能够方便地相互转化，实现电–氢协同。报告构建了电–氢零碳能源系统模型，包含绿电与绿氢的生产、输送和存储等技术环节，以系统经济性最优为目标，进行源、网、荷、储全要素优化。结果表明，电–氢零碳能源体系可以充分发挥电能易于传输和氢能便于存储的优势，提高系统灵活性，提升可再生能源发电、制氢设备和输电输氢通道的利用效率，降低总体用能成本。根据上述模型，报告开展了中国绿氢配置研究，预计 2030 年，绿氢以就地制备利用为主，西部与东中部之间跨区输氢总量 100 万 t，采用输电代输氢方式（500 亿 kWh）。预计到 2060 年，各区域间跨区输氢总量 3500 万 t（约占绿氢需求的 47%），其中直接管道输氢约 800 万 t，输电代输氢 1.1 万亿 kWh（相当于 2700 万 t 氢，占总输送量的 75% 以上）。为满足跨区氢能配置要求，新增输电通道约 9300 万 kW，新增西北—华中、西北—华东和西南—南方三条输氢管道。到 2060 年，绿氢在终端应用能够减少化石能源用量 3.9 亿 t 标准煤，降低碳排放 6.2 亿 t，约相当于能源活动碳排放的 40%。电氢协同配置可以充分发挥氢能的灵活性价值、电力供应保障价值、系统安全性价值以及绿氢在碳中和进程中"最后一公里"的减碳作用。

目 录

图目录

表目录

1 氢能发展现状与趋势

进入 21 世纪以来，新一轮能源革命蓬勃兴起，全球能源行业正朝着清洁、零碳、可持续的方向转型。氢能作为一种清洁、高效的能源，越来越受到人们的关注，特别是来源于风能、太阳能等可再生能源的氢，可实现能源生产消费全过程的零碳排放。未来，氢将在零碳能源系统和碳中和社会中扮演重要角色。

1.1　氢能简介

人类很早以来就有使用氢气作为能源的梦想。1766 年卡文迪许首次认知并分离出了氢，1839 年格罗夫设计了最早的氢氧燃料电池，1870 年奥托在内燃机上首次使用含 50%氢气的混合气体进行实验，儒勒·凡尔纳甚至在《神秘岛》中将氢描述为未来的煤炭，20 世纪中叶氢作为能源推动人类飞向了太空。

氢化学符号为 H，原子量约为 1，是元素周期表的第一号元素，其性质独特，主要包括以下几方面。

制氢原料来源广，取之不尽，用之不竭。氢元素是宇宙中最早形成也是含量最丰富的元素，大约占宇宙质量的 75%。由于其化学性质活泼，在地球上几乎没有单质形式存在，主要以化合态存在，是水、甲烷和其他有机物的重要组成部分。以电解水制氢为例，地球上水的总量约 14 亿 km^3，水体占地表面积超过 70%，若把其中的氢全部提取出来，可得到约 $1.5 \times 10^{17}t$ 氢燃料，蕴含的能量是地球上所有化石燃料的近万倍。

化学性质活泼，是重要的化工原料。氢是元素周期表中的一号元素，具有很强的还原性。在一定条件下，几乎所有的元素都能与氢反应形成化合物。氢是大多数酸、碱以及有机物的关键组成部分，常用于石油炼化、制氨、制甲醇等化工过程以及制取半导体等工业加工过程，是最重要的化工原料之一。目前，全球制备的氢绝大部分用于化工行业。

能量密度高，作为能源应用的潜力大。在常见的燃料中，氢的单位质量热值最高，氢气燃烧放出的热相当于相同质量天然气的 2.6 倍、汽油的 3.3 倍和煤的 5~9 倍。这是由氢本身的特点和燃烧（剧烈的氧化还原反应）的化学本质所决定的。氢原子只含有一个电子，极易与氧气等发生剧烈的氧化还原反应，因此氢气非常容易燃烧甚至产生爆炸。在燃烧过程中，转移的电子数越多，释放的能量越大。氢是最轻的元素，相比其他元素，单位质量可转移的外层电子数最大，因此氢气具有最高的质量能量密度。在航天等领域，氢是高端燃料的不二之选。

燃烧产物清洁，可实现用能侧零碳排放。与化石能源不同，氢在释放能量过程中不产生二氧化硫、氮氧化物、可吸入颗粒物等其他污染物，也不产生任何碳排放。以氢作为能源，可实现用能侧的清洁零碳。如果氢的制备过程也没有碳排放，例如通过风、光等可再生能源制氢、生物质制氢、光解水制氢等，则氢能将成为真正意义的零碳能源。这一特点与电类似。单位质量的氢和其他燃料燃烧释放的能量和产生的碳排放如表 1.1 所示。

表 1.1　常见燃料热值和碳排放对比

燃料	高位热值 （MJ/kg）	碳排放 （kg/kg，CO_2/燃料）
氢气	143	0
天然气	56	2.8
汽油	43	3.1
煤炭	15~30	2.2~3.5
甲醇	22.7	1.4

近年来，氢的"颜色"常见诸各大媒体和各类报道，"灰氢""蓝氢"与"绿氢"除技术路线不同外，最大区别体现在制氢过程的碳排放强度。一般而言，"灰氢"通常指化石能源制氢，生产过程中将产生大量的二氧化碳排放；"蓝氢"指

化石能源制氢配合碳捕获、利用与封存（CCUS）技术；"绿氢"指风、光、生物质等清洁能源制氢，制取过程零碳排放，其中清洁能源电解水制氢最具潜力，技术也相对成熟，是未来发展的重点。如无特别提出，本文所述的绿氢均指清洁能源电解水制氢，相应地，绿电即指清洁电力。

1.2　发展现状

目前，全球每年用氢量达 1.15 亿 t，绝大部分用于化工领域。尽管作为能源具有诸多优势，但除了航空航天等极少数领域外，氢很少作为能源直接利用，主要原因为自然界中氢仅以化合物的形式存在，纯氢的获得需要额外的化学过程，往往降低了总体能量转化效率、提高了用能成本。氢的成本长期居高不下，以及用氢、储氢相关技术瓶颈的制约，氢能产业长期发展缓慢。近年来，人类清洁低碳可持续发展的要求，氢能全产业链的技术进步以及化石能源过度应用引起的资源和气候危机等因素，氢能在能源转型过程中的价值日益得到重视。

氢能产业链包括氢的制取、储运、加注和终端应用四个主要的环节，如图 1.1 所示。总体而言，**氢的制取环节技术相对成熟，储运相关基础设施建设还比较落后，氢能在交通、冶金等领域的应用尚有待开发**。

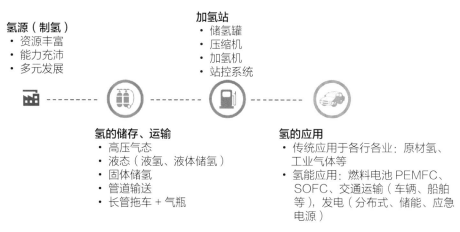

图 1.1　氢能产业链主要环节

1. 日本

日本作为一个能源匮乏的国家，对氢能的关注很早，早在第一次石油危机爆发的 1973 年，就成立了"氢能源协会"，以大学研究人员为中心开展氢能源技术研讨和技术研发。2014 年，日本政府在其发布的第四次《能源基本计划》中将氢能源定位为与电力和热能并列的核心二次能源，并提出建设"氢能社会"的愿景，希望通过氢燃料电池实现氢能在家庭、工业、交通甚至全社会领域的应用，从而实现真正的能源安全以及能源独立。2017 年，日本政府发布《氢能基本战略》，主要目标包括到 2030 年左右实现氢能源发电商用化，以削减碳排放并提高能源自给率，具体发展目标如图 1.2 所示。2018 年，日本政府发布了第五次《能源基本计划》，提出将全面实施《氢能基本战略》的相关政策措施，构建氢能制备、储存、运输和利用的国际产业链，积极推进氢燃料发电、氢燃料汽车发展。

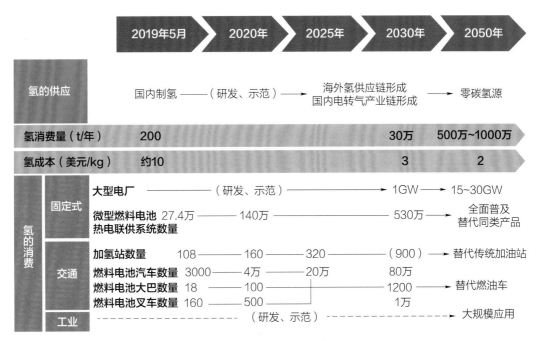

图 1.2　日本《氢能基本战略》发展目标

在过去 30 多年时间里，日本政府投入数千亿日元用于氢能及燃料电池技术研发推广，并对相关基础设施和终端用户进行补贴。日本氢能和燃料电池技术专利数量居全球第一，已步入燃料电池汽车和家用燃料电池热电联供系统的商业化推广早期。

2. 欧盟

欧盟国家在氢能产业化推广过程中密集出台了一系列产业扶持政策，投入大量资金进行技术研发，强调燃料电池在交通领域的商业化推广和氢能基础设施建设。2008 年，欧盟出台燃料电池与氢联合行动计划项目（FCH-JU），在 2008—2013 年间投资了 9.4 亿欧元用于氢能和燃料电池的研发；后于 2010 年又追加投资 7 亿欧元；该项目在促进欧洲氢能和燃料电池应用方面发挥着至关重要的作用。2012 年，欧盟实施 Ene-field 项目，项目包含欧盟 12 个成员国，9 家燃料电池系统制造商，项目投资 5300 万欧元。2013 年，欧盟宣布启动 Horizon 2020 计划，预计 2020 年前将在氢能和燃料电池产业投入 220 亿欧元。2015、2016 年，欧盟先后启动了 Hydrogen Mobility Europe H2ME 1 计划和 H2ME 2 计划，共计划投资 1.7 亿欧元建设 49 座加氢站、1400 辆氢燃料电池汽车。2019 年 2 月，欧洲燃料电池和氢能联合组织发布《欧洲氢能路线图：欧洲能源转型的可持续发展路径》，提出了面向 2030、2050 年的氢能发展路线图。报告认为到欧盟氢能产业产值到 2030 年将达到 1300 亿欧元，到 2050 年将达到 8200 亿欧元。

3. 美国

美国的氢能产业也已从技术研发走向示范推广阶段。从企业层面来看，美国在氢能产业链上、中、下游都已拥有代表性企业，包括质子交换膜电解槽、氢储运基础设施解决方案、燃料电池、氢燃机等技术细分领域。

美国自 1990 年制定推动氢能源产业发展的各项政策开始就始终保持着从政策评估、商业化前景预测，到方案制定、技术研发，再到示范推广的发展思路。考虑到商业化推广等相关问题，美国政府于 1996 年推出了《氢能前景法案》，决定在 1996—2001 年之间投入 1.6 亿美元用于氢能的生产、储运和应用技术的研究与开发，并着重论证与展示将氢能用于工业、住宅、运输等方面的技术可行性。2012 年，时任美国总统的奥巴马向国会提交了 3.8 万亿美元的 2013 年政府预算，其中 63 亿美元拨给美国能源部用于氢能、燃料电池、车用替代燃料等清洁能源的研发，对燃料电池系统的效率转换提出了更高要求，并对美国境内的氢能基础设施实行 30%～50% 的税收抵免。2016 年，美国制定了氢气价格目标，计划到 2020 年将氢气价格降至 7 美元/GGE（相当于一加仑汽油能量），并延长了各州税收抵免政策，加利福尼亚州、康涅狄格州、马里兰州、马萨诸塞州、纽约州、俄勒冈州、罗得岛州、佛蒙特州等 8 个州也共同签署了《州零排放车辆项目谅解备忘录》，计划到 2025 年发展 330 万辆包括氢燃料电池汽车的新能源车。

4. 中国

中国是全球制氢第一大国，产能约占全球的 40%，主要来自化石燃料制氢。煤气化制氢以及烃类蒸汽转化制氢，约占全国制氢产能的 96%。燃料电池等氢能相关技术基本具备产业化基础，已掌握了部分燃料电池核心技术，具备一定的产业装备包括燃料电池整车生产能力，整体水平逐步与国际接轨。氢能相关基础设施建设还比较薄弱，已建成和在建的加氢站多数供示范使用，对运营经济性、长期性的验证还较少；大型输氢管线只有两条，总长不到世界氢气专用管道总长度的 2%，与发达国家相比还处于起步阶段。

中国对氢能产业的战略性支持始于 2006 年，近年来支持力度不断加大。《国家中长期科学和技术发展规划纲要（2006—2020 年）》提出要重点研究高效低成本的化石能源和可再生能源制氢技术，经济高效氢储存和输配技术，燃料电池基础关键部件制造和电堆集成技术，燃料电池发电及车用动力系统集成技术，形成氢能和燃料电池技术规范与标准。

2015 年以来，多项政策和规划中明确提出要发展氢能和燃料电池产业，包括《国家创新驱动发展战略纲要》《能源技术革命创新行动计划（2016—2030年）》《"十三五"国家战略性新兴产业发展规划》《"十三五"交通领域科技创新专项规划》和《战略性新兴产业重点产品和服务指导目录（征求意见稿）》等。全国多个省市也发布了地方性的氢能与燃料电池汽车产业支持政策。2019 年 3 月，氢能首次写入政府工作报告。2019 年年底，《能源统计报表制度》首次将氢纳入了 2020 年的能源统计。

根据中国氢能联盟预测，中国氢能产业在 2020—2025 年将达到万亿元市场规模，在 2036—2050 年将达到十万亿元级市场规模。燃料电池汽车及加氢站数量将高速增长，氢能利用相关技术性能指标和经济指标将不断进步。

1.3 绿氢与能源转型

过度使用化石能源引发的气候变化是人类面临的最大危机。大幅减少化石能源消耗和温室气体排放，控制温升是人类面临的紧迫任务。在人类活动相关的碳排放中，能源活动碳排放占 90% 以上，实现能源清洁低碳转型是破解气候环境危机、促进可持续发展的必然要求。

2020 年 9 月，习近平主席在第 75 届联合国大会上发表重要讲话，提出中国将提高国家自主贡献力度，采取更加有力的政策和措施，二氧化碳排放力争于 2030 年前达到峰值，努力争取 2060 年前实现碳中和。实现碳达峰、碳中和是一场广泛而深刻的经济社会系统性绿色革命，本质是推动经济社会全面高质量、可持续发展。

1.3.1 能源转型的挑战

1. 能源转型途径

以中国能源互联网为基础平台，以"两个替代、一个提高、一个回归、一个转化"为发展方向是中国能源转型的必由之路，也是确保实现 2030 年前碳达峰、2060 年前碳中和战略目标的根本途径。

清洁替代主要指能源供应侧以太阳能、风能等清洁能源替代化石能源，加快形成清洁能源为主导的能源供应结构。清洁能源的大发展，不但可以大幅减少因化石能源燃烧带来的温室气体和污染物排放，带来显著的环境效益，发挥清洁能源资源蕴藏量巨大潜力，而且可以发挥清洁能源边际成本低的优势，显著降低经济发展成本，加快形成以清洁能源为基础的产业体系，实现经济社会清洁可持续发展。预计到 2060 年清洁能源消费占一次能源比重达到 90%，电力系统中清洁电源装机占比达到 95%。

电能替代主要指能源消费侧以电代煤、以电代油、以电代气，摆脱化石能源依赖，实现现代能源普及，降低能源利用过程中的碳排放。随着用电技术发展进步，电能替代深入发展，预计到 2060 年，在**"电能替代场景"**下终端用电量达 14 万亿 kWh。但在化工、冶金、航空等难以直接用电的领域还需使用共计 10.4 亿 t 标准煤的煤、石油、天然气，采用电制氢等电制燃料、原材料技术新型用电技术，电的应用将突破传统用电领域限制，构建**"电能+氢能"**场景实现清洁电力对化石能源终端使用的间接替代。预计到 2060 年全社会用电量达 17 万亿 kWh，电气化率达 66%。

一个提高即提升能源利用效率，促进节约用能，降低能源强度。电能是高效、清洁的二次能源，提高能效最有效的途径就是大力推进电气化。

一个回归即化石能源回归原材料属性，主要作为工业原料使用，发挥更大经济社会效益。化石能源的回归过程与清洁能源发展相辅相成，按照经济价值规律，以更加科学的方式循环、集约利用化石能源，将最大化实现资源价值，逐步形成生态和谐的循环经济发展模式，解决物质资源枯竭的问题。

一个转化主要指通过电力将二氧化碳、水等物质转化为氢气、甲烷、甲醇等燃料和原材料，利用电化工、碳循环利用等产业和技术进步，将二氧化碳从减排负担变成高价值资源，从更深层次化解人类社会赖以生存的资源约束，开拓经济增长的广阔空间，满足人类永续发展需求。以绿氢化工为代表的新型绿色化工是化工行业实现技术革新、突破资源约束的重要发展方向。

2．能源转型挑战

中国是世界最大的发展中国家，发展任务艰巨，未来人口和经济将持续保持增长，实现能源转型和碳中和面临着碳排放总量大、产业升级挑战多和能源结构调整难度大等一系列挑战。

碳排放总量大，减排时间短。目前中国是全球最大碳排放国，温室气体排放总量大、增长快。2014 年温室气体排放总量为 123 亿 t 二氧化碳当量，比2005 年增长 54%，能源活动二氧化碳排放量占全部二氧化碳排放的 87%[1]。中国作为最大的发展中国家同时也是最大的排放国，面临经济社会现代化和减排的双重挑战，从碳达峰到碳中和只有发达国家一半时间左右，减排力度和速度空前，实现碳中和的任务艰巨。

产业转型升级挑战多。当前，中国处于转变发展方式、优化经济结构、转换增长动力的攻关期。2019 年第二产业增加值占 GDP 的 39%，传统"三高一低"（高投入、高能耗、高污染、低效益）产业占比仍然较高；第三产业增加值占 GDP 的 54%，远低于 65% 的世界平均水平。国民经济中，第二产业是资源消耗和污染排放的主体，特别是钢铁、建材、化工、有色等高耗能产业。中国 60% 以上的能源消费、70% 以上的碳排放来自工业生产领域，其中钢铁、建材、化工等产业用能占工业总能耗的 75%。传统产业发展存在锁定效应和路径依赖效应，要转变建立在化石能源基础上的工业体系，实现以电、氢等清洁能

[1] 数据来源：中华人民共和国气候变化第二次两年更新报告，2018 年 12 月。这里的温室气体排放总量不包括土地利用、土地利用变化和林业吸收的碳汇。

源载体代替传统化石能源，需要在理念、规划、技术、机制等方面进行深层次、系统性、根本性变革。

能源生产结构调整难度大。能源活动是碳排放的最主要来源，中国能源活动二氧化碳排放量占全部二氧化碳排放的 87%[1]。碳排放强度最大的煤炭占中国能源消费的 58%，煤炭使用导致的碳排放占总排放的 80%，"一煤独大"特征突出。"十三五"期间，中国清洁能源持续快速发展，开发规模不断扩大、发展布局持续优化、利用水平不断提升，可再生能源装机容量和发电量稳居全球第一，但还有待全面提速。2019 年，清洁能源占一次能源消费的比重仅为 15%，低于全球平均水平。清洁能源的利用主要以电能的形式供终端直接使用，非电用能领域尚未实现清洁化。

部分难直接电气化领域脱碳难度大。在大力发展电能替代，提高终端用能的电气化率的同时，仍有一些用能领域，如化工、冶金、航空、工业高品质热等，难以实现直接电气化。航空、重型运输、工业高品质热等领域的直接电气化存在技术上的挑战，而化工、冶金等领域仅靠直接电气化无法实现行业碳中和。对这些难直接电气化领域的深度脱碳是实现全面碳中和的关键。

1.3.2　绿氢与能源转型

实现全社会碳中和以及能源清洁转型是绿氢产业发展的最大动力。氢在使用过程中零碳排放，可以帮助化工、冶金、航空等难以直接用电的终端用能领域进行全面脱碳，在实现能源转型和碳中和方面将发挥重要作用。但氢只有在源头上实现零碳，方能满足能源转型和低碳发展的需要。当前，全球氢产量的 97% 来自化石能源制氢，在生产环节仍然会产生碳排放，无法依靠化石能源制氢实现脱碳。未来，绿氢是氢能产业的必然选择。

[1] 数据来源：中华人民共和国气候变化第二次两年更新报告，2018 年 12 月。

　　绿氢是联结清洁能源和部分终端用能领域的关键纽带。随着能源系统清洁转型的不断深入，供暖、交通等能源消费领域电能替代进程逐渐加快，而航空、航海、工业高品质热、化工、冶金等领域难以直接应用电能实现脱碳。通过清洁电力制备绿氢，可以间接实现这些领域的电气化。氢在清洁能源和难以直接用电的终端用能领域之间发挥关键的纽带作用，如图 1.3 所示。

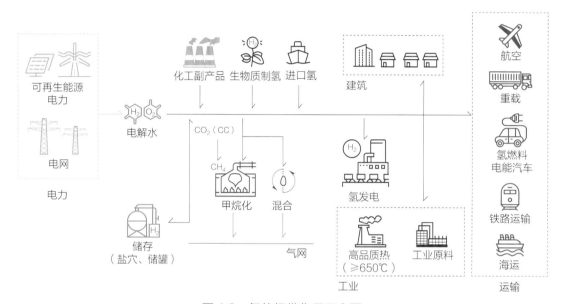

图 1.3　氢的纽带作用示意图

　　绿氢是"能源-物质转换体系"的中心环节。除了作为能源外，氢还是一种十分重要的工业原材料，广泛应用于化工、石化、电子、冶金等领域。以电制氢为基础的电制燃料、原材料（P2X）技术是实现这些行业减碳的重要途径。P2X 技术以水、二氧化碳、氮气等为原料，清洁电能为驱动力，生产出甲烷、甲醇、乙烯、苯等化工产品以及各种人类生活必需的物资，同时实现碳的固化和有效利用，进一步推动全社会深度脱碳。绿氢不仅是联结能源生产和能源消费领域的纽带，更可帮助实现能源系统与社会生产的深度融合，以绿氢为中心，让电的需求进一步扩展到传统化工领域，实现电的"非能利用"❶，构建"能源-物质转换体系"，如图 1.4 所示。

---

❶　全球能源互联网发展合作组织. 用电技术发展与展望. 北京：中国电力出版社，2021。

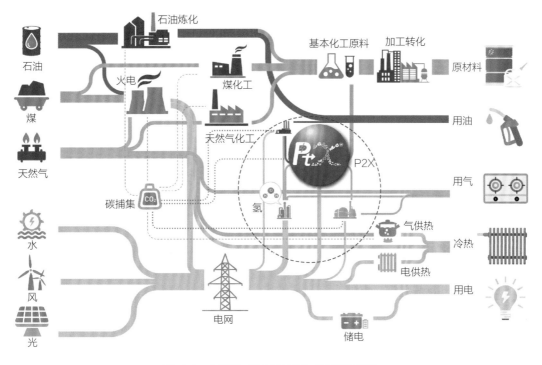

图 1.4　"能源–物质转换"体系示意图

　　绿氢与绿电都是终端可以直接利用的高效能源，并且都来自清洁能源。绿氢与绿电的关系密不可分，主要体现在以下几个方面。

　　绿氢的生产来自绿电，二者的根本都是可再生能源。大规模开发的可再生能源替代化石能源，无论是转化为绿电还是绿氢，都是能源生产清洁化的体现。绿氢的大规模开发利用，取决于可再生能源发电技术的进步和成本下降。成熟的绿氢制备体系需要建立在经济、高效的可再生能源发电体系基础之上。同时，绿氢也为促进可再生能源大规模开发利用提供有力支撑。氢及其衍生的合成燃料、原材料借助成熟的工业仓储、物流体系进行存储，有望解决新能源季节性的大幅波动给电力系统带来的"长周期"型灵活调节资源稀缺问题。绿氢与清洁能源发电和谐共生，有力支持可再生能源的发展。

　　绿氢的应用相当于绿电的延伸，间接提高终端电气化水平。氢的应用广泛，包括航空、航海、化工、冶金等难以实现电气化的领域。在这些领域使用绿氢替代化石能源，相当于间接电能替代，提高终端对清洁电能的总体需求，降低用能侧的碳排放强度，实现能源消费电气化。

　　绿氢与绿电可相互转化，易于耦合建立多能源品种的零碳能源供应体系。 绿氢来自电解水，也可以通过燃料电池或燃氢轮机进行发电，相比其他能源，氢能更容易实现与电能的双向转化。氢是具有实体的物质，大规模存储相对方便，生产与消费之间不必严格地实时平衡；电是能量形式，传递和使用过程能耗低、效率高。电氢耦合可以充分发挥二者的优势互补作用，显著提高能源系统的灵活性，促进可再生能源消纳，满足终端多种能源需求。

1.3.3　绿氢与新型电力系统

　　绿氢对新型电力系统的构建将发挥重要作用，是实现碳达峰、碳中和的重要技术手段。

　　绿氢可以显著增强电力系统的运行灵活性。 风光为主的波动性新能源装机占比大幅增加后，源荷双侧不确定性显著增强，将带来不断增长的日内、月度、季节性灵活性需求，特别是若月度电量分布与负荷需求发生变差，将存在季节性电量平衡难题，一般的储能技术无法解决。根据不同技术路线，电制氢技术可以提供秒级至分钟级时间尺度的灵活性；氢及其衍生的合成燃料、原材料借助成熟的工业仓储、物流体系进行存储，还可提供长时间尺度的灵活调节能力，解决新能源季节性的大幅波动给电力系统带来的"长周期"型灵活调节资源稀缺问题。此外，氢及其衍生的合成燃料除终端直接用能外，富余部分进行长期存储，在电力系统出现缺口时通过燃料电池或燃气轮机等发电设备重新转化为电，相比直接储电更易实现大规模长期储能。2060 年中国制氢用电量预计将占全社会用电量的 20%，其中蕴含着巨大的灵活性潜力。

　　绿氢可以提升电力系统的供应保障能力。 风光电源的置信容量低，最小出力与实际容量差距大。2019 年中国各省、各区域新能源最小日平均出力水平分别为 3.6%、8.0%，新能源最小瞬时出力水平分别为 0.2%、1.1%。2021 年 7 月 28 日，东北全网风力发电 3.4 万 kW，创历史新低，不足风电装机容量的

0.1%。随着风光装机占比的不断提升，电量效益明显，但容量效益较弱，特别是极端天气影响风险加大的情况下，系统供电保障能力面临重大挑战。氢能将电能以物质形态储存下来，具有储存时间长、能量密度大、电氢转换方便的优势，能够在系统供应紧张的情况下，通过在供应侧氢燃气轮机和氢燃料电池输出电能，在负荷侧调节电制氢负荷，为电力供应提供保障。

绿氢可为电力系统的安全稳定性提供支撑。风光电源与跨区直流互联不断增长的趋势下，电力系统电力电子化成为必然趋势。以电力电子装置为基础的机组惯性低、抗扰性弱，机端电压低，逐级升压接入电网后与主网的电气距离是常规机组的 2 ~ 3 倍，将导致电力系统频率和电压稳定面临严峻挑战，宽频振荡等新问题也将由于交流系统的电压支撑较弱、短路比不足而成为隐患。氢燃气轮机属于同步发电机，出力可控性高，具有高爬坡率，频率调节和电压支撑能力强，可以作为煤电等传统机组退出后系统安全稳定的支撑性电源。

1.4　报告思路与主要内容

报告从需求、生产和配置 3 个角度，结合氢产业链不同环节开展研究。报告首先对制氢、氢储运、用氢方面的关键技术进行了梳理，完成了技术研判和经济性预测。从经济社会发展、能源系统转型和各行业用能需求出发，结合各行业用氢技术、经济性研判，对中国未来绿氢需求进行了预测；基于全球能源互联网发展合作组织在清洁能源发电技术、全球清洁资源评估等领域的研究成果，结合制氢技术、经济研判，对中国绿氢开发潜力和成本分布进行了量化评估。报告构建了电-氢零碳能源系统的统筹优化分析模型，结合不同的输送场景，初步提出管道输氢与输电代输氢相结合的远距离、大规模绿氢配置的优化方案。报告研究思路和主要研究内容如图 1.5 所示。

关键技术研究。制氢技术方面，报告对电解水制氢、化石能源制氢、工业副产氢等制氢技术路线进行整理，对比了各项制氢技术的成本、效率、碳排放、

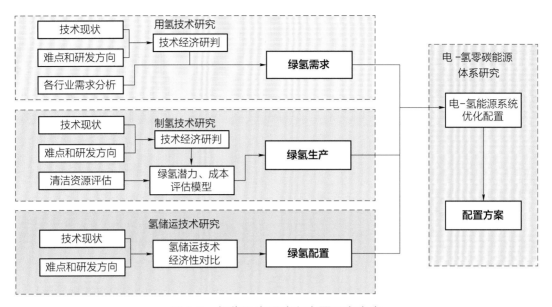

图 1.5　报告研究思路和主要研究内容

技术阶段等，详细介绍了绿氢制备技术的难点和研发方向，表明以可再生能源电制氢为代表的清洁零碳的"绿氢"是未来最重要的制氢技术发展方向。

氢储运技术方面，未来庞大的制氢产业和多样化的终端应用需要储氢和输氢技术的支持。报告对气态储氢、液态储氢、固态储氢、化学储氢等储氢技术以及管道输氢、陆路交通输氢、水路交通输氢等输氢技术进行整理，对比了各项储氢技术的储氢密度、储氢质量分数、环境要求、技术阶段以及各项输氢技术的能耗、能效等，提出了储氢和输氢技术的研发方向。报告对各场景下最适合的输氢技术进行了分析，提出管道输氢和输电代输氢是实现陆上大规模长距离氢能运输的重要方式。

用氢技术方面，氢将在未来的能源变革中扮演重要角色，有助于难以直接电气化领域的脱碳和支撑高比例可再生能源的发展。为回答未来碳中和能源系统中氢的应用领域和应用规模等问题，报告对氢在能源、交通、化工、冶金等行业的应用进行了系统整理，对交通、冶金、制热等领域的用氢技术和直接电气化技术进行对比分析，介绍了用氢技术的难点和研发方向。

绿氢需求预测和开发潜力评估。绿氢应用场景和需求预测是绿氢产业的关键性问题之一。从经济社会发展、能源转型的角度出发，结合各行业用能需求以及对各潜在用氢领域的技术经济研判，报告对未来能源、工业、交通、建筑等各领域的绿氢应用规模和发展阶段作出技术性判断，描绘绿氢应用图景。为促进全行业深度脱碳，未来的"氢源"必然以可实现零碳排放的绿氢为主，绿氢资源评估是氢能应用的基础。报告依托全球能源互联网发展合作组织开发的"全球清洁能源开发评估平台（GREAN）"，构建了一套绿氢制备潜力与成本的评估算法和优化模型，测算了全球绿氢制备潜力，得到了成本优化图谱，对中国绿氢资源丰富、经济性优良的区域进行了详细分析。

电−氢协同零碳能源体系研究。中国清洁能源资源与能源需求在地理关系上呈现逆向分布的特点，绿氢与绿电一样都存在需要从生产基地向需求中心进行大规模长距离输送的问题。绿氢来源于绿电，二者共同构成零碳能源系统的主体，应当共同作为能源系统的重要组成部分统筹优化。报告构建了电氢耦合的能源系统，包含绿电与绿氢的生产、输送和存储等技术模型，以全系统经济性最优为目标，进行源、网、荷、储全要素优化，回答了在满足绿氢需求的基础上，"绿氢在哪里开发""输送电能还是输送氢分子""绿氢开发利用对电力系统的影响"等一系列问题，分析多元化能源输送的系统价值。基于全球能源互联网发展合作组织研究成果，报告研究了 2060 年中国能源互联网场景下新能源开发、电力流及管道输氢的优化布局和配置方案，分析电−氢协同配置的综合价值。

2

绿氢关键技术

制氢、氢储运和用氢是绿氢的三大关键技术，解决这三个环节中的相关技术经济问题是氢产业发展的关键。当前，绿氢生产技术相对成熟，经济性有待提高；氢储运技术面临挑战，大规模储输缺乏经验；绿氢应用潜力尚待挖掘，相关产业仍处于起步阶段。本章介绍了多种制氢技术、氢储运技术和氢在能源、交通、化工等行业的应用情况，结合碳中和与能源转型的要求分析绿氢应用领域，提出绿氢生产和储运技术降本提效的发展路径。

2.1 制氢技术

氢气的制备可选用多种技术路径，包括电解水制氢、化石能源制氢、工业副产氢等。当前，全球制氢工业主要以化石能源为原料制备的灰氢为主，而电解水制氢占比较少。随着可再生能源发电成本的降低和对环境问题、碳排放问题的关切，绿色的电解水制氢技术越来越受到人们的关注。

2.1.1 技术现状

利用氢能一般需要首先将氢从水、天然气等化合物中提取出来。氢制备的方法主要有电解水制氢、化石能源制氢、工业副产氢以及生物质制氢、光解水制氢等。

当前，全球绝大部分氢来源于天然气、石油、煤等化石能源，其中只有不到 1% 的氢产能来自可再生能源电解水制氢（即绿氢）或配备了 CCUS 设备的化石能源制氢（即蓝氢），大量的灰氢生产每年带来了 8.3 亿 t 的二氧化碳排放。中国煤制氢占比 60% 以上，电解水制氢占比只有 1%~1.5%，如图 2.1 所示。

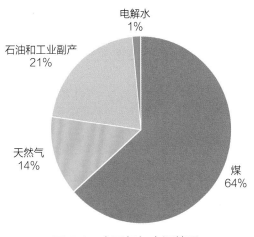

图 2.1　中国氢气来源情况

2.1.1.1　电解水制氢

电解水制氢指在电解槽中利用电能使水分解为氢气和氧气的技术，与氢燃料电池发电互为逆反应。电解水包含两个半反应，即阴极的析氢反应和阳极的析氧反应，反应式如下：

阴极：$4H^+ + 4e^- = 2H_2$（酸性）

$4H_2O + 4e^- = 2H_2 + 4OH^-$（碱性）

阳极：$2H_2O - 4e^- = 4H^+ + O_2$（酸性）

$4OH^- - 4e^- = 2H_2O + O_2$（碱性）

电解水制氢的主要技术包括碱性电解槽（AEC）、质子交换膜电解槽（PEM）和高温固体氧化物电解槽（SOEC）等。

1. 碱性电解槽

碱性电解槽制氢是最传统、技术最成熟的电制氢方式，具有较快的启停速度（分钟级）和全功率调节能力，是当前主流的电解水制氢方法，缺点是效率较低（70%左右）。

碱性电解水制氢的原理是将一对电极插入盛有碱性电解液的电解池中，通以一定电压的直流电将水分解为氢气和氧气。碱性电解液一般采用 20%～30% 的氢氧化钾或氢氧化钠水溶液，并以石棉作为隔层。电极材料是影响电解效率的关键因素，在工业化生产中，要求析氢阴极能在高温、高碱浓度、高电流密度等条件下长期并间歇性工作。出于稳定性、成本等方面的考虑，碱性电解槽主要以铁、镍合金等作为阴极材料，阳极主要为镍、钴、铁的氧化物。商用碱性电解槽的工作温度为 70～80℃，电解电压在 1.8V 左右[1]，单位氢气能耗约为 57kWh/kg（5kWh/m³）。

近年来，国内碱性电解槽制造技术发展迅速，国产化率达 95%，成本下降显著，碱性电解槽设备成本在 1400～2000 元/kW。国内设备的隔膜和电极技术水平与国外设备相比尚有一定差距，但国内产品成本优势明显。

2. 质子交换膜电解槽

质子交换膜技术使用仅质子可以透过的有机物薄膜代替传统碱性电解槽中的隔膜和液体电解质，同时将具有较高活性的贵金属催化剂压在质子交换膜两侧，从而有效减小电解槽的体积和电阻，电解效率可提升到 80% 左右。同时功率调节也更加灵活（秒级），但设备成本相对较高。典型质子交换膜电解槽结构如图 2.2 所示。

质子交换膜是质子交换膜电解槽的心脏部分，不仅需要传导质子，分隔氢气和氧气，还要为阴阳两极的催化剂提供一定的支撑，保证电解槽运行。质子交换膜应具备优异的稳定性和良好的质子传导性，同时膜表面应与催化剂具有良好的适配性并可有效阻止气体扩散，目前应用最为广泛的是杜邦公司的

---

❶ 张开悦，等. 碱性电解水析氢电极的研究进展. 化工进展，2015，34（10）：3680-3687+3778。

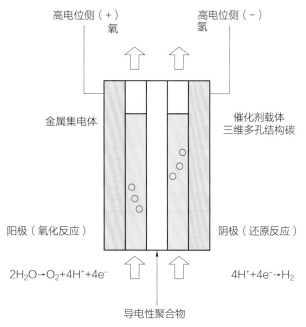

高电位侧（＋）　　　高电位侧（－）
氧　　　　　　　　氢

金属集电体　　　　　　　　　　　　催化剂载体
　　　　　　　　　　　　　　　　三维多孔结构碳

阳极（氧化反应）　　　　　　　　阴极（还原反应）

$2H_2O \rightarrow O_2+4H^++4e^-$　　　　　　$4H^++4e^- \rightarrow H_2$

导电性聚合物

图 2.2　质子交换膜电解槽结构示意图

Nafion 膜。在 PEM 的膜电极结构中，由于 Nafion 膜在水中具有强酸性，对电极材料的耐腐蚀和稳定性提出了很高的要求，同时电极材料还应具有优秀的催化性能以提升电解效率。质子交换膜电解槽的电极材料通常采用贵金属催化剂，阴极一般采用铂炭（Pt/C）催化剂，阳极则采用氧化铱（IrO_2）或氧化钌（RuO_2）等。贵金属催化剂的使用是推高质子交换膜电解槽成本的重要因素，因此降低贵金属担载量或开发价格低廉的非贵金属催化剂是 PEM 的重要研究方向。

3. 高温固体氧化物电解槽

高温固体氧化物电解槽（SOEC）脱胎于燃料电池技术，可以看作固体氧化物燃料电池（SOFC）的逆运行。其特点是在较高的温度（600～1000℃）下，电解反应的热力学和动力学特性均有所改善，可将电解效率提升至 90% 左右，目前该技术还处于商业示范阶段。

目前发展的高温固体氧化物电解槽按照电解质载流子的不同，可分为氧离子传导型 SOEC 和质子传导型 SOEC，如图 2.3 所示。一个典型的固体氧化物电解槽核心组成包括电解质、阳极（也称为氧电极）和阴极（也称为氢电极）。电解槽中间是致密的电解质层，两边为多孔的氢电极和氧电极。电解质的主要作用是隔开氧气和燃料气体，并传导氧离子或质子，一般要求电解质致密且具有高的离子电导和可忽略的电子电导。电极一般为多孔结构，以增加电化学反应的三相界面，并有利于气体的扩散和传输。

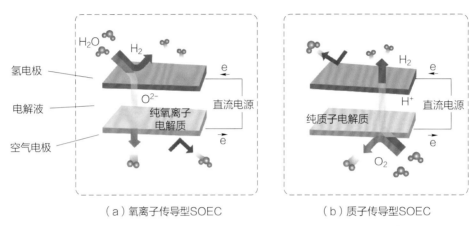

（a）氧离子传导型SOEC　　　　（b）质子传导型SOEC

图 2.3　氧离子传导型 SOEC 和质子传导型 SOEC 原理示意图

　　三种电解水制氢技术对比见表 2.1。当前碱性电解槽技术最为成熟且价格低廉，但电解效率偏低；质子交换膜电解槽技术具有最快的响应能力和最高的功

表 2.1　三种电解水制氢技术特性和参数对比

技术环节/参数	单位	碱性电解槽	质子交换膜电解槽	高温固体氧化物电解槽
运行温度	℃	70～80	60～80	600～1000
单台制氢规模	m³/h	0.5～1000	0.01～300	约 25
制氢电耗	kWh/m³	4.7～5.5	3.9～5	2.6～3.6
电解效率	%	65～75	70～80	85～100
响应能力		分钟级	秒级	分钟级
寿命		20～30 年	10～20 年	约 1 万 h
技术阶段		商业应用	商业应用	示范阶段
电解槽价格	元/kW	1500～5000	1 万～2 万	—

率密度，但设备成本较高，可用于对设备体积和调节能力要求较高的场景；高温固体氧化物电解槽技术具有最高的电解效率，但寿命相对较短，仍处于研发和示范阶段。

4. 电解水制氢的经济性分析

电解水制氢的成本主要包括用电成本、建设投资成本和运维成本三部分。**用电方面的支出是电解水制氢最主要的成本**，约占 79%，包括电费、输配电容量费、损耗和其他附加费用等，其中电费是最主要的支出项。以当前商业化的单电极碱性电解槽制氢系统为例，电费约占电力成本的 80%，约占总成本的 63%，如图 2.4 所示。

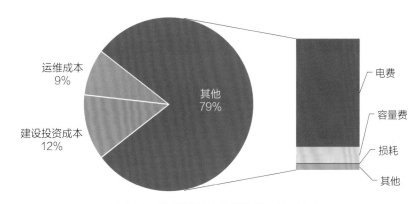

图 2.4　单极碱性电解槽制氢成本构成

建设投资成本主要包括电堆、厂房、电网接入设备和其他附加设备的初始投资，以及后续偿还利息等。制氢设备成本与制造工艺水平密切相关，设备规模和产量的增大能够降低设备单位成本。以挪威 NEL 公司碱性电解槽为例，装机容量超过 1 万 kWh，单位千瓦投资变化相对趋于稳定，如图 2.5 所示。未来随着制氢规模的不断扩大，设备成本有望快速下降。

年运维成本主要包括设备运行维护费用、保险费用、人力成本等，一般为建设投资的 5%～9%。

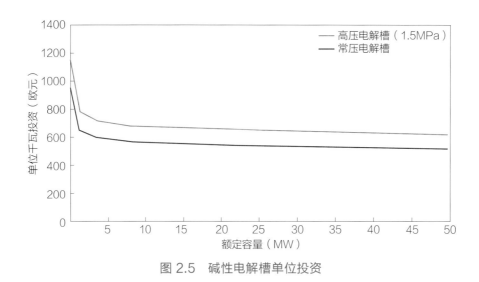

图 2.5　碱性电解槽单位投资

影响电制氢成本的因素主要包括电价、转化效率、设备规模、设备利用率等。电解水制氢的成本对电价极为敏感，若电价降低一半，电制氢成本将下降三分之一，如图 2.6 所示。根据调研结果，以国内碱性电解槽制氢系统为例进行测算，在电价为 0.35 元/kWh 的情况下，制氢成本为 21～25 元/kg；当前，清洁能源发电成本不断下降，若电价降至 0.25 元/kWh，采用当前电解水设备价格测算，电解制氢成本将下降到 15 元/kg，接近目前化石能源制氢成本。

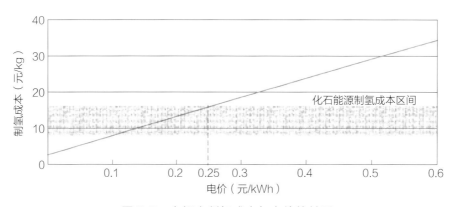

图 2.6　电解水制氢成本与电价的关系

转化效率影响了制氢的单位耗电量，通过技术创新提高电解效率可有效降低制氢成本。目前，主流的碱性电解槽制氢的效率约为 70%，制氢的耗电量约为 57kWh/kg。预计到 2050 年，高温固体氧化物电解槽等新型电制氢技术有望成为主流，电解效率将由 70% 提高至 90%，制备每千克氢气的耗电量将降至 45kWh 左右，在电价不变的情况下，相当于用电成本下降 21%。

在电价不变的情况下，电解水设备规模越大，制氢成本越低，年化建设投资成本在总成本中的占比逐渐降低。以碱性电解槽为例，容量 46MW（20 电极）电堆的制氢成本为 2.3MW（单电极）电堆的 88%，如图 2.7 所示。

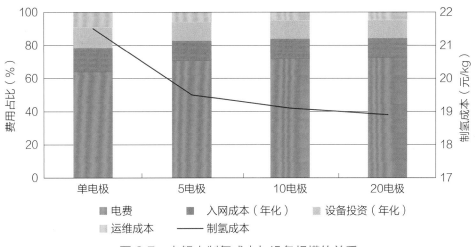

图 2.7　电解水制氢成本与设备规模的关系

上述成本分析均以制氢设备全时段满功率运行为前提条件，即年利用率为 100%（全年 8760h）。制氢成本与利用率明显呈负相关，特别是利用率低于 40%（全年 3500h）后，成本随利用率的下降增长明显，如图 2.8 所示。

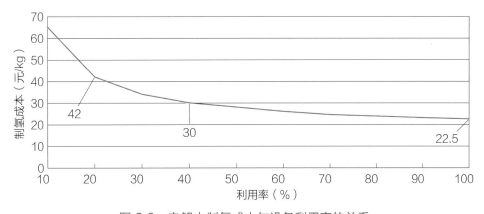

图 2.8　电解水制氢成本与设备利用率的关系

　　未来随着能源清洁转型，电能主要来源于随机性和波动性较强的风能、太阳能等清洁能源，如果要发挥电解水制氢作为可控负荷甚至储能的功能，制氢设备的利用率将与清洁能源发电的出力特性和电网负荷特性密切相关，预计一般在 40% 左右。

5. 电解水制氢应用

　　碱性电解水技术早在 20 世纪 20 年代即已投入应用，至今仍是主流的电解水制氢技术；20 世纪 60 年代通用电气公司首次引进了质子交换膜电解槽系统，而由于寿命、成本等因素目前尚未得到大范围推广；固体氧化物电解槽则仍处于示范阶段。国内外部分商用水电解装置应用情况如表 2.2 所示。

表 2.2　国内外部分商用水电解装置应用情况

地区	开发企业	装置种类	类型	制氢产能（m³）	电耗（kWh/m³）	电解效率（%）
国外	Hydrogenics	HySTAT type V	AEC	10～60	5.2～5.4	65～68
	NEL Hydrogen	NEL-A	AEC	50～485	4.3～4.5	79～81
	IHT	Type S	AEC	3～27	4.3～4.6	77～82
	HT Hydrotechnik	EV	AEC	24.6～250	5.3	67
	TELDYNE ENERGY SYSTEM	Titan EC	PEM	28～42	5.6～6.4	55～64
	Proton Onsite	FuelGen C	PEM	10～30	5.8～6.2	57～61
	KOBELCO ECO-SOLUTIONS	HHOC	PEM	1～60	6.5	54
	Ceram Hyd	CH	PEM	30～200	5	71
	Siemens	Silyzer100	PEM	22.4	4.4	80

续表

地区	开发企业	装置种类	类型	制氢产能（m³）	电耗（kWh/m³）	电解效率（%）
国内	苏州竞立	—	AEC	2~1000	5	71
	苏州国能圣源	—	AEC	5~500	4.4	80
	扬州中电	—	AEC	20~1000	4.5	78
	中船718所	—	AEC	1~600	4.6	77
	天津大陆制氢	—	AEC	0.1~1000	4.4	80
	淳华氢能	—	PEM	10~50	4.8~5.0	71~74

专栏2.1 全球部分绿氢项目规划情况

　　绿氢在工业、交通等领域有很大应用潜力，但绿氢制备产业仍是一个新兴行业，目前在运的绿氢项目多为十兆瓦、百兆瓦级的。出于对氢能巨大需求的预期和规模经济的考虑，很多国家已规划了吉瓦级绿氢项目，部分整理如专栏2.1表所示。

专栏2.1表　全球部分GW级绿氢规划项目

项目名称	装机容量（GW）	位置	氢产量（万t/年）	项目完工时间	备注
HyDeal Ambition	67	西欧地区	360	2030年前	95GW太阳能供电，用于欧洲内部氢气供应
AMAN Power2X	20	毛里塔尼亚北部	—	—	30GW风能与太阳能供电，氢气用于绿色钢铁等领域
Asian Renewable Energy Hub	14	西澳大利亚	175	2028年	由16GW陆上风电与10GW太阳能供电，出口至亚洲国家
North H₂	>10	荷兰北部	100	2040年	海上风电供电，用于荷兰与德国重工业领域，处于可行性研究阶段，预计2027年达到1GW

续表

项目名称	装机容量（GW）	位置	氢产量（万 t/年）	项目完工时间	备注
AquaVentus	10	德国黑尔戈兰	100	2035 年	海上风电供电，处于项目初期，预计 2025 年达到 30MW
北京京能内蒙古风、光、氢、储一体化项目	5	内蒙古额尔古纳旗	50	2021 年	处于在建状态
Helios Green Fuels	4	沙特阿拉伯西北部	24	—	陆上风电与太阳能供电，用于出口
Base One	3.4	巴西东北部	60	2025 年	风电与太阳能供电，项目于 2021 年对外宣布，用于出口
HyEx	1.6	智利	12.4	2030 年	太阳能供电，用于绿色肥料生产、出口，项目于 2020 年对外宣布，处于初期阶段
White Dragon	1.5	希腊北部	25	2029 年	由太阳能供电，主要用于燃料电池发电，另有供热、重工业应用

6. 电制氢用水与海水淡化

水是电制氢的主要原料，随着氢能产业快速发展，用水来源也是绿氢开发需要考虑的关键因素之一。

电制氢理论水耗至少为 9kg/kg（水/氢气），考虑到实际生产过程中水的脱矿损耗，产物氢气和氧气排出会带走一部分水蒸气等因素，实际水耗约为 20kg/kg（水/氢气）。预计到 2050 年，全球电制氢产量可达每年 3.4 亿 t，耗水量近 70 亿 m^3。对比当前全球年农业用水 2.8 万亿 m^3，工业用水 8000 亿 m^3，城市用水近 5000 亿 m^3，总体来看，对水资源的消耗并不大。

对于西亚、北非、南美的智利北部等风光资源丰富但淡水资源有限的沿海地区，发展电制氢产业需要考虑采用直接电解海水技术或海水淡化技术。与淡水电解相比，海水电解存在阳极可能析出氯气、钙镁离子易生成沉淀增大电阻、隔膜易受腐蚀等问题，尚无大规模工业应用。在海水电解技术尚未成熟的情况下，可以采用海水淡化的方法对电解槽用水进行前处理。以当前常用的反渗透法为例，海水淡化耗电量约 $3kWh/m^3$，成本一般为 $3.5 \sim 7$ 元$/m^3$。考虑水的短途运输成本，以及对海水淡化后产生的浓盐水的处理成本，此情况下电制氢用水成本为 $10 \sim 14$ 元$/m^3$。运用海水淡化技术将增加电制氢耗电 $0.06kWh/kg$，仅占电制氢总耗电的千分之一；增加电制氢成本 $0.2 \sim 0.3$ 元$/kg$，占电制氢成本的 1%左右。因此，运用海水淡化技术对电制氢的能耗和成本影响都很小，对于西亚、北非、智利北部等地区而言，淡水资源限制不会成为电制氢产业的瓶颈。考虑海水淡化的电制氢成本构成如图 2.9 所示。

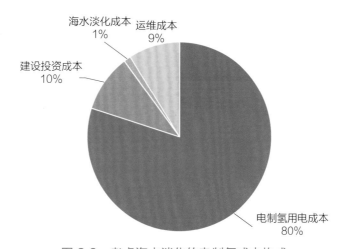

图 2.9　考虑海水淡化的电制氢成本构成

2.1.1.2　化石能源制氢

当前，全球绝大部分氢来源于天然气、石油、煤等化石能源，技术手段包括蒸汽重整、部分氧化重整、煤的气化等。

1. 天然气制氢

天然气制氢是当前全球最主要的制氢技术路线。天然气经过脱硫、脱氯、脱砷处理后，在镍催化剂作用下经高温水蒸气转化或经部分氧化产生氢气和二氧化碳。天然气同时被用作燃料（约占 30%）和氢源，实现甲烷和水中氢的提取。原料天然气的成本是天然气制氢中最大的成本支出，占总成本的 45%～75%。北美、俄罗斯和中东地区气价相对较低，天然气制氢成本一般为 7～10 元/kg（1～1.5 美元/kg）；中国的天然气制氢成本则为 15～16 元/kg。天然气制氢的二氧化碳排放量一般为氢气产量的 9～11 倍。如果考虑二氧化碳排放成本（以 50 元/t 计❶），中国天然气制氢成本约 16～17 元/kg。

2. 重油部分氧化制氢

重油部分氧化制氢通过重油与氧气、水蒸气反应生成氢气和一氧化碳、二氧化碳，该过程在一定的温度和压力下进行，根据所选原料和工艺可采用或不采用催化剂。与甲烷制氢相比，重油的碳氢比较高，因此重油部分氧化制得的氢气更多来自水蒸气（约占 70%）❷而不是重油本身，即重油更多充当燃料来维持反应过程的温度和所需热量。一般而言，重油部分氧化制氢的成本中原材料费用占三分之一左右，其他成本主要包括设备投资、运营成本等，通常设备投资费用占比较大。在原油价格 40～100 美元/桶的情况下，重油部分氧化制氢的成本在 8～17 元/kg，碳排放比天然气制氢更高。如果考虑二氧化碳排放成本（以 50 元/t 计），中国重油制氢成本约 9～18 元/kg。

3. 煤气化制氢

煤气化制氢主要包括造气反应、水煤气变换反应两个过程。气化炉是核心设备，不同的工艺条件、传质传热方式等对于煤气化过程的反应速率和程度影

❶ 根据全国碳市场成交情况，碳排放配额成交价为 44.08 元/t。
❷ 王东军，等. 国内外工业化制氢技术的研究进展. 工业催化，2018，26（05）：26-30。

响较大。煤气化制氢技术较为成熟，目前全球 80% 以上的煤气化制氢厂位于中国。基于中国"富煤少油"的能源禀赋，煤制氢是当前成本最低的制氢方式，在煤价 350~500 元/t 的情况下，可低至 7~10 元/kg，其中煤的成本占 30%~40%。但煤制氢的碳排放强度更高，二氧化碳排放量约为氢气产量的 20 倍，是天然气制氢排放强度的两倍。如果考虑二氧化碳排放成本（以 50 元/t 计），中国煤制氢成本约 8~11 元/kg。

4. 化石能源制氢+CCUS 技术

化石能源制氢技术成熟、成本低廉，但伴随着较为严重的碳排放问题，与低碳发展的理念相悖，也给氢能抹上了一缕"灰色"。将碳捕获、利用与封存技术（CCUS）应用于化石能源制氢项目中可使碳排放量降低 90% 以上，实现蓝氢的制备。装配 CCUS 技术会使化石能源制氢成本提高 30%~50%。典型的装配碳捕集技术的天然气蒸汽重整制氢流程如图 2.10 所示。

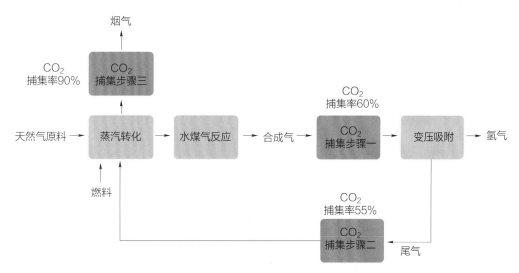

图 2.10　装配碳捕集技术的天然气蒸汽重整制氢流程示意图

2.1.1.3　工业副产氢

关于工业副产氢，现行国家标准中对此尚无相关的规范解释。按照工业副产品定义，遵循经济性和环保性原则，工业副产氢主要来自**炼焦**、**制备氯碱**、**丙烷脱氢**三个领域。副产氢的产量主要取决于该领域主要产品的产量。

炼焦行业副产氢来源于炼焦过程中，向高温焦炭喷水的方式给焦炭降温，高温焦炭与水发生水煤气反应，释放大量氢气。湿法焦炉煤气中氢气含量一般在 55%～60%。未来随着氢冶金和电冶金等零碳冶金技术的普及，以及炼焦行业干法熄焦技术的推广，这部分副产氢的规模未来将呈现下降趋势。此外，炼焦副产氢纯度较低，提纯至高纯氢需要较为复杂的工艺流程。

氯碱行业副产氢来源于伴随烧碱、氯气生产而得到的阴极气体，其原理和生产过程类似于电解水，得到的氢气纯度较高。2019 年中国烧碱产量近 3500 万 t[1]，据此计算，中国氯碱行业年副产氢在 90 万 t/年左右。

丙烷脱氢副产氢来源于烷烃脱氢生成烯烃和氢气的工艺，得到的氢气纯度相对较高。目前中国已建和在建丙烷脱氢项目产能近 1000 万 t[2]，据此计算，丙烷脱氢副产氢可达 40 万 t/年。

2.1.1.4 其他制氢技术

此外，制氢技术还包括生物质制氢、光解水制氢等。

1. 生物质制氢

生物质制氢是生物质能源利用的一种形式，由于生物质本身是零碳能源，因此生物质制取的氢气也可以定义为绿氢，生物质制氢的能量物质循环如图 2.11 所示。将生物质制氢与 CCUS 技术结合还可以实现"负排放"。

---

[1] 数据来源：IHS Markit。
[2] 陈浩，等. 丙烷脱氢工艺发展趋势分析. 炼油技术与工程，2020，50（11）：9-13。

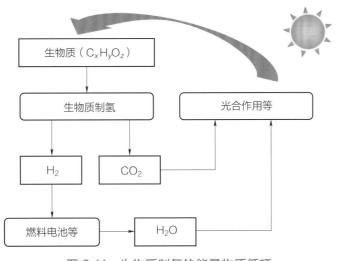

图 2.11　生物质制氢的能量物质循环

生物质制氢主要分为热化学法制氢和微生物法制氢。热化学法制氢的技术原理与化石能源制氢比较接近，原料来源广，易于实现大规模生产；但生物质成分复杂，含氧、含水量高，其单位质量产氢率不如化石能源，得到的氢气浓度低且热解过程可能造成其他环境污染等。微生物法制氢的优势在于原料来源广、所需能量为清洁可再生的太阳能、反应条件温和，但较低的制氢效率、复杂的工艺是限制此法大规模工业应用的关键问题。

2. 光解水制氢

光催化水分解制氢可以实现太阳能向氢能的直接转化，自 1972 年藤岛昭（Fujishima）和本多健（Honda）首次报道了在 TiO_2 电极上光催化分解水以来[1]，光解水制氢和半导体光催化材料引起了人们的广泛关注，仍处于实验室研究阶段。

光解水制氢主要有三步：一是半导体受光激发，电子从价带（Valence band，VB）跃迁至导带（Conduction band，CB），在 VB 中产生空穴，形成光生电子 – 空穴对，即两种光生载流子；二是光生载流子的迁移，部分光生

---

[1] FUJISHIMA A，HONDA K. Electrochemical Photolysis of Water at a Semiconductor Electrode. Nature，1972，238：37-38。

载流子由催化剂体相传输到表面；三是表面反应，即到达表面的部分光生载流子被吸附的水分子捕获，引发水分子的分解反应，如图 2.12 所示。光催化剂的选取在光解水制氢中至关重要，能否成功实现水的分解取决于光生电子–空穴的还原–氧化能力，这要求半导体的带隙要大于水的理论分解电势（1.23V），且导带底比水的还原电势更负，价带顶比水的氧化电势更正；同时，光生载流子应能有效分离以满足动力学要求。目前，用于光解水制氢的大多数催化剂的量子效率较低，使得太阳能–氢能的整体转化效率低（一般在 1%左右）[1]。此外，光解水的反应速率比较慢，远不如电解水的产氢速率，不能达到工业化生产的要求。

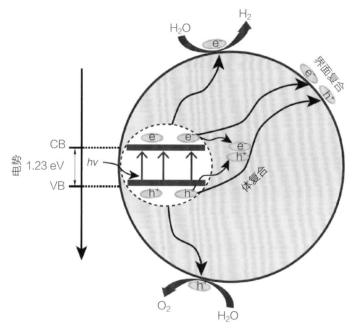

图 2.12　光解水原理图

2.1.2　技术对比

利用可再生能源制备绿氢具有显著的清洁低碳优势，随着经济性的提高，未来发展潜力巨大。在当前的电价水平下，电解水制氢成本相对化石能源制氢还较高，但电解水制氢清洁零碳，产品纯度高，对实现全社会碳中和具有重要

---

[1] HIROSHI NISHIYAMA，TARO YAMADA，et al. Photocatalytic solar hydrogen production from water on a 100m²-scale. Nature，2021，https://doi.org/10.1038/s41586-021-03907-3。

意义。未来随着风电、光伏发电成本的下降，以及电解槽技术进步、效率提升和成本下降，绿氢将逐渐具备经济性，成为主流制氢方式。

相比其他制氢途径，电制氢的功率灵活可调，能够成为新型电力系统中重要的调节资源，有效促进可再生能源的开发和利用。电制氢技术功率调整灵活，可控可间断，能够与随机性和波动性较强的新能源发电技术实现良好匹配。在电网负荷低谷期消纳富余电力，存储后供需求侧利用或者在电网负荷高峰时段重新转化回电能，可以有效平抑新能源发电给系统带来的波动，提高新能源利用效率。在未来以新能源为主体的电力系统中，成为电网中宝贵的灵活性调节资源。

化石能源制氢碳排放问题不容忽视，未来需要与 CCUS 技术相配合。当前全球每年氢气生产消耗天然气约 2050 亿 m^3，占天然气总消费量的 6%，消耗煤炭约 1.07 亿 t，占煤炭总消费量的 2%，全球制氢产业共排放二氧化碳达 8.3 亿 t。蓝氢相比灰氢可以降低制氢过程中 90% 的碳排放，同时可以有效利用现有的灰氢生产基础设施，但成本增加 30%～50%。对于天然气等化石能源成本低廉且二氧化碳封存地质条件好的地区，在绿氢具备经济性并大规模普及之前，发展蓝氢是一种有效利用现有能源基础设施的过渡方案。

工业副产氢生产成本较低，但规模有限。工业副产氢是产品生产过程的副产物，存在于焦化、氯碱、丙烷脱氢和轻烃裂解等行业，成本低廉、不会产生额外碳排放。随着全社会碳中和进程的不断加快，煤化工、石油化工等高碳排放行业将逐渐萎缩，相应的副产品也会逐渐减少。氯碱行业副产氢相对较为清洁且纯度较高，充分加以利用，是一种有效、低碳的氢气生产方式。

其他制氢技术尚难以大规模推广应用。生物质制氢和光解水制氢具有反应条件温和、可实现低碳甚至零碳排放的优势，但生物质制氢工艺复杂，大规模制备技术尚不成熟；光解水制氢尚处于实验室研究阶段，面临着生产效率过低等问题。当前，主要制氢技术特点及经济性对比见表 2.3。

表 2.3　当前主要制氢技术特点及经济性对比

方法	工艺	原料	纯度	碳排放（kg/kg）（CO_2/H_2）	当前成本（元/kg）	技术阶段
电解水制氢	目前以 AEC 为主	水	高	0	15~40	AEC 和 PEM 为实用阶段，SOEC 为示范阶段
化石能源制氢	天然气制氢	天然气、水	较低	9~11	7~15	实用阶段
	重油部分氧化	石油、水	低	17~21	8~17	实用阶段
	煤气化	煤、水	低	20~25	7~10	实用阶段
工业副产氢	氯碱、丙烷脱氢、炼焦等	—	氯碱较高，炼焦低	—	—	实用阶段
生物质制氢	热化学法、生物法	生物质	—	—	—	部分实用阶段
光解水	光催化水分解	水	—	0	—	研究阶段

2.1.3　研发方向

1. 高效大功率碱性电解技术

碱性电解槽的研发方向集中在大功率、高电流密度、进一步提升电解效率以及系统集成技术等。为适应风、光等可再生能源发电的不稳定出力，尚需加强功率波动工况下电极过程动力学特性的理论研究。

主要攻关方向包括：高活性、低成本、高稳定性的大面积电极材料的批量生产技术；低阻抗、高亲水性且强碱环境下具有高稳定性、高耐腐蚀性的新型改性石棉隔膜或非石棉隔膜制备技术；大功率碱性电解槽结构优化设计与集成技术；具有宽功率波动适应性的电解水制氢成套装备的优化设计与集成技术，宽功率波动工况下制氢系统的电–热–质均衡优化技术。

2. 低成本质子交换膜电解技术

质子交换膜电解槽的研发方向侧重低成本催化剂、质子交换膜等关键材料的设计与批量化生产，降低设备成本，提高在分布式、可快速调节等特定场景下的适用性和经济性。

主要攻关方向包括：低贵金属用量催化剂的制备工艺研究，高活性、强酸环境下稳定、长寿命的非贵金属催化剂的设计与制造；高电导率、高强度、高稳定性质子交换膜的设计与制备技术，并研究适于连续工业化生产的质子交换膜制备装备；低成本大面积膜电极涂布及成型工艺，以及膜电极、双极板等部件的批量化制备技术等。

3. 长寿命高温固体氧化物电解技术

高温固体氧化物电解槽的研发方向主要有提升电解池寿命、加强系统热管理以及 SOEC 建模和优化控制等，提高功率大范围波动工况下的适应性以及电解-发电双工况转化的灵活性。

主要攻关方向包括：理论层面上，系统研究 SOEC 电极表面化学和缺陷化学行为，开发新型结构和组成的电极材料，提升高温高湿条件下的稳定性和使用寿命；优化电极/电解质界面，开发新构型和新组堆工艺，实现大电流密度下 SOEC 的长期稳定运行，提升快速响应性能及动态工况下的鲁棒性；研发高效热交换器，优化系统热管理，有效利用废热以提升系统能量转化效率；开发适用于 SOEC 系统的耐高温、兼容性好的低成本工程材料，提升系统的安全性；SOEC 系统与上游不同能量网络（电、热、气等）的新型耦合方式以及与下游高附加值化学品制备工艺的衔接等。

当前电制氢多选用碱性电解槽技术，电解效率 70% 左右，制氢系统成本在 3500～5000 元/kW。预计到 2030 年，高效电催化剂、质子交换膜等关键材料，以及膜电极、空气压缩机、储氢系统、氢循环系统等关键零部件制造技术取得突破，电制氢效率上升至 80% 左右，制氢系统成本下降至约 3000 元/kW。到 2050 年，廉价、高效电催化剂及长寿命、高稳定性高温固体氧化物电堆等关键技术取得突破，高温固体氧化物电解技术趋于成熟，电制氢效率上升至 90% 左右，制氢系统成本下降至约 2000 元/kW。到 2060 年，制氢技术进一步成熟，制氢系统成本预计将降至 2000 元/kW 以下。

2.1.4　技术经济性趋势

灰氢需与 CCUS 技术相结合，变灰氢为蓝氢。灰氢带来的源头碳排放与助力全社会碳中和的初衷背道而驰，不应盲目扩张。天然气制氢和煤制氢的二氧化碳排放量分别为氢产量的 10 倍和 20 倍左右，考虑制氢过程的效率损失，在终端应用灰氢比直接应用化石能源产生的全过程碳排放更高。因此，化石能源制氢必然将与 CCUS 技术相结合，将高碳的灰氢变为低碳的蓝氢。目前，蓝氢的成本约为 16～23 元/kg，随着 CCUS 技术的进步，预计到 2030 年，蓝氢成本有望小幅下降至 15～21 元/kg。

随着可再生能源发电成本的下降，预计到 2030 年前后，绿电制氢将逐渐成为主流制氢方式。目前，用电成本 0.35～0.4 元/kWh 的情况下，电制氢成本约 21～25 元/kg，用电成本占总成本的 70%～80%，如果与间歇性可再生能源发电相配合，制氢设备利用率下降，制氢成本将更高，相比工业副产氢和蓝氢经济性较差。预计到 2030 年，中国光伏和陆上风电的度电成本将分别降低至 0.15 元/kWh 和 0.25 元/kWh，平均绿氢制备成本将降至 20 元/kg 左右，部分资源较好地区制氢设备利用率可达 40% 左右，绿氢成本可低至 15～16 元/kg，相比蓝氢更具经济性优势，逐渐成为主流制氢方式。到 2050 年，高温固体氧化物电解槽等新型电制氢技术将取得突破，电解效率达到 90%，可再生能源发电成本降至 0.1～0.17 元/kWh，电制氢成本将下降至 7～11 元/kg，可再生能源发电电解水制氢成为氢最主要的生产方式。到 2060 年，随着电制氢技术的进一步成熟和可再生能源发电成本的进一步下降，电制氢成本将降至 6 ~ 10 元/kg。绿氢、蓝氢、灰氢的成本发展趋势见图 2.13。

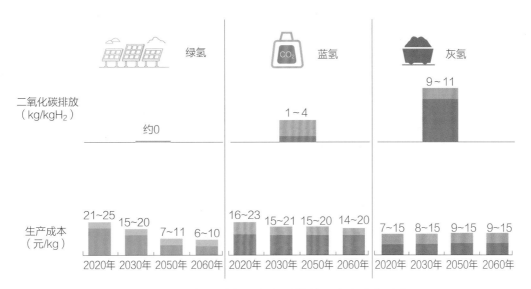

图 2.13　绿氢、蓝氢、灰氢碳排放和生产成本对比

在绿氢大规模推广前，工业副产氢和蓝氢有望成为满足用氢需求的过渡方案。工业副产氢不额外产生碳排放，成本低廉，应充分加以利用，但受产能限制难以满足氢能快速发展的需求。在 2030 年前，低碳的蓝氢相对绿氢更具经济性，应基于现有化石能源制氢产能，加快 CCUS 技术推广应用，在供应侧转灰氢为蓝氢。在氢产业发展初期过渡阶段，充分利用好现有资源，清洁、高效地推进氢产业链的构建。

2.2　储运技术

氢储运是氢气从生产走向应用的关键环节，未来氢产业链的顺利运作需要多种储氢、输氢技术的配合。单位质量的氢气蕴含的能量是化石燃料的 3 ~ 4 倍，但常温常压下单位体积氢气的能量密度还不到天然气的三分之一。因此，氢储运技术的关键在于提升氢气储运的能量密度，并尽可能降低成本。同时考虑到氢气为易燃易爆气体，还必须保证氢储运过程的安全性。

2.2.1　技术现状

2.2.1.1　储氢技术

氢的储存方式按其存在状态可以分为气态储氢、液态储氢和材料储氢三大类。气态储氢和液态储氢通过高压、低温等手段提高氢气的密度；材料储氢方式很多，包括材料吸附储氢、金属氢化物储氢、有机液体储氢等。

1. 气态储氢

高压气态储氢技术指在临界温度以上通过高压将氢气压缩，以高密度形式储存气态氢。高压气态储氢具有低成本、低能耗、易脱氢的特点，是当前最为成熟的储氢方式。在温度较高、压力较低的情况下，氢气性质符合理想气体状态方程，密度与压力成正比。然而由于实际分子总占据一定的空间且分子间存在相互作用，随着压力的升高，氢气逐渐偏离理想气体性质，密度与压力不再呈线性关系，与理想气体的偏差可用压缩因子 Z 表示，即有

$$Z = \frac{pV}{nRT}$$

式中：p 为压强；V 为体积；T 为开氏温度；n 为气体的摩尔数；R 为摩尔气体常数。

氢气的压缩因子 Z 总大于 1 且随压力升高而增大，70MPa 下可达 1.46。由于压缩因子的存在，不断升高压力在储氢密度上获得的收益将越来越低，如 70MPa 下压强翻倍只能使储氢量再提高 40%～50%；且高工作压力对储氢罐材质、壁厚等提出了更高的要求。研究认为，储氢罐工作压力在 55～60MPa

时满足最优的经济效益[1]。目前 35MPa 储氢罐已是成熟产品，实现商用的工作压力最高的储氢罐是丰田公司的 70MPa 高压储罐，主要用于燃料电池汽车。

高压氢气一般采用压缩机获得。**氢气压缩机**有往复式、膜式、离心式、回转式、螺杆式等类型，有时需要多级压缩才能满足储氢压力的要求。氢气压缩机虽然原理上与天然气压缩机类似，但由于氢气的分子量更小，压缩因子也与天然气有较大差别，对系统密封性要求更高，动力系统也有较大区别。氢压缩机从结构上包括进口系统和出口系统，进口系统由气水分离器、缓冲器、减压阀等部件组成，出口系统主要由干燥器、过滤器、逆止阀等部件组成。

高压氢气通常储存在**高压储氢罐**内，一般来说，对于同一种材质的储氢罐，由于高工作压力要求更大的壁厚，因此质量储氢密度随着压力升高而下降。目前已商业化的高压储氢气瓶可分为Ⅰ型、Ⅱ型、Ⅲ型、Ⅳ型四种。Ⅰ型、Ⅱ型瓶均以金属材质为主，但Ⅱ型瓶外层缠绕玻璃纤维复合材料；Ⅲ型、Ⅳ型瓶以碳纤维增强复合材料为主，Ⅲ型瓶内胆为金属，Ⅳ型瓶为塑料，外部通过碳纤维增强塑料缠绕加工而成。Ⅰ型、Ⅱ型瓶等金属储罐常用的材质是奥氏体不锈钢、铜、铝等，具有易于加工、价格低廉的优势，但由于金属密度较大，系统质量储氢密度较低。金属储罐仅适用于固定式、较小存储量的氢气存储，20MPa钢质氢瓶已得到了广泛的工业应用，但不能满足车载系统要求。Ⅲ型瓶，即金属内衬纤维缠绕储罐是一种金属与非金属材料相复合的高压容器，常被用作大容积的氢气储罐。其结构为金属内衬外缠绕多种纤维固化后形成增强结构，如图 2.14 所示。

为进一步减轻容器自重，将金属内衬替换为复合塑料内衬发展出了全复合轻质纤维缠绕储罐，即Ⅳ型瓶。复合塑料内衬一般为高密度聚乙烯，这种材料使用温度范围较宽，冲击韧性优于金属内胆，通过添加密封胶、进行表面氟化、磺化处理等可保证良好的气密性。全复合轻质纤维缠绕储罐的质量仅为同等储

---

[1] SUN B G, ZHAN D S, LIU F S.Analysis of the cost-effectiveness of pressure for vehicular high-pressure gaseous hydrogen storage vessel[J]. International Journal of Hydrogen Energy, 2012,37(17):13088-13091.

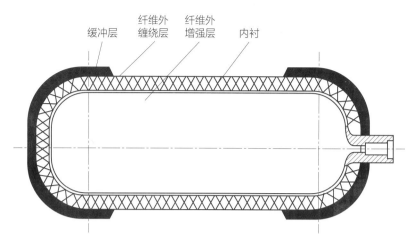

图 2.14　纤维缠绕复合材料储罐结构示意图

量钢瓶的 50% 左右，在车载氢气存储系统中竞争力较强，尚处于研发阶段，主要研究机构及成果如表 2.4 所示，实现商业化应用的仅有日本、挪威两国。

表 2.4　全复合轻质纤维缠绕储罐的主要研究机构及成果

国家	公司/机构	工作压力（MPa）	现状
美国	Quantum	35~70	完成开发
	通用汽车	70	完成开发
	Impco	69	阶段性完成
挪威	Hexagon Composites	70	商业化
荷兰	帝斯曼	—	完成开发
中国	浙江大学	70	研究阶段
法国	空气化工	—	完成开发
	佛吉亚	70	商业化中
日本	汽车研究所	37~70	研究阶段
	丰田	70	商业化

除了储气罐之外，利用盐穴、岩洞、枯竭的油气藏、水层等地下空间可以实现氢气的地质存储。利用此类地质条件储氢有望实现氢的大规模存储，但对地质条件要求苛刻，储存的氢易受到污染，氢的渗漏及与微生物、液体、岩石

等的反应也会造成氢的损失。对于普适场景、较小规模的储氢应用而言,氢气储罐仍是最优选择。

2. 液态储氢

液态储氢技术将氢气在高压、低温条件下液化,利用其高体积能量密度的特点,实现高效储氢,其输送效率也远高于气态氢,是常用的大容量氢气储运方式。但高压与低温的条件不仅对储氢罐的材质有较高要求,而且需要配套严格的绝热方案、冷却设备及使用中的特殊升温阀等。因此低温液化储氢的储罐容积一般较小,系统的储氢质量密度为 5%~10%。由于氢气液化要求的温度更低,过程耗能较高,氢气液化过程耗能占被液化氢气能量的 25%~40%(10~16kWh/kg),远高于天然气液化消耗 10%天然气能量的比例,因此低温液态储氢综合运行成本较高。

目前全球有数十座液氢工厂,总产能约为 480t/日,其中北美占了全球的 60%以上;欧洲有 4 座液氢工厂,合计产能 24t/日;亚洲有 16 座液氢工厂,总产能 38.3t/日,其中日本产能占三分之二。法液空(Air Liquid)、空气产品(Air Products)、林德(Linde)、普莱克斯(Praxair)等全球工业气体巨头都在开展大型氢液化装置的研发和应用。美国最大的氢气液化装置由普莱克斯建造,产能达到 34t/日,液化功耗为 12.5~15kWh/kg。空气产品有多个大型氢气液化装置在运行,产能最大达到 34t/日,液化功耗最低达到 10~12kWh/kg。中国目前仅有几个服务航天领域的液氢工厂,包括海南文昌、北京 101 所和西昌基地等,总产能约为 4t/日,民用液氢市场尚属空白。

3. 材料储氢

基于材料的储氢技术按不同材料形态包括**固态储氢**、**有机液体储氢**、**液氨储氢**等。固态储氢通过化学反应或物理吸附将氢气储存于固态材料中,其核心是固态储氢材料,包括金属合金、碳质材料、硼氮基材料、金属有机框架等。

有机液体储氢、液氨储氢、甲醇储氢等技术原理上是通过化学反应将氢转化为另一种容易存储的物质，需要用氢时再通过化学反应将氢释放。

金属合金储氢材料通过与氢气反应生成金属氢化物的形式将氢储存在合金中。该类材料在一定的温度和压力下，吸收氢气发生放热反应生成金属氢化物，在加热的情况下发生吸热反应释放出氢气，形成吸放氢的循环

$$M + H_2 \rightleftharpoons MH_2$$

金属氢化物储氢一般具有较高的储氢体积密度，但因其自重较大，导致其储氢质量密度较低，如氢化镁和氢化铝自身的储氢质量分数分别只有 8%和10%，系统的储氢质量分数往往只有 4%～5%。目前该类储氢材料在个别示范工程实现初步应用。同时，金属氢化物储氢还往往面对着储氢稳定性与放氢能耗之间的二元悖论，即形成的金属氢化物越稳定放氢时耗能越高。

碳质材料储氢利用活性炭、碳纳米纤维、石墨纳米纤维和碳纳米管等碳质材料对氢气的吸附作用来储存氢气，主要属于物理储氢的范畴。由于氢气与碳质材料的相互作用较弱，扩大比表面积和提高氢在材料表面的吸附能力是改善材料储氢性能的关键因素。碳质储氢材料仍处于基础研究阶段，对其储氢机理的认识尚不充分，对储氢过程中发生的化学物理变化尚不能完全了解，离实际应用还有很大距离。

硼氮基储氢一般具有较高的理论储氢量，因为硼和氮都是轻质元素且能结合多个氢原子。氨硼烷（NH_3BH_3）是硼氮基高密度固态储氢材料的典型代表，具有很高的储氢质量分数和体积储氢密度。但氨硼烷单独作为储氢材料完全放氢温度较高、放氢效率较低且容易产生硼吖嗪等有毒杂质气体。

固态储氢技术目前处于研发阶段，距离工业应用还有较多技术难题需要解决。

有机液体储氢技术具有较高的储氢密度，通过加氢与脱氢过程可实现有机液体的循环利用。以甲苯-甲基环己烷体系为例，储氢时甲苯加氢生成甲基环己烷，放氢时甲基环己烷脱氢再生成氢气和甲苯

$$\text{（甲苯）} + 3H_2 \rightleftharpoons \text{（甲基环己烷）}$$

其他常用材料如苯-环己烷体系、萘-萘烷体系等，这些有机物熔沸点区间合适，在常温常压下处于液态，可以像汽油一样储存和运输，并可多次循环使用。但有机液体储氢须配备相应的加氢、脱氢装置，成本较高；且脱氢反应往往伴随着副反应的发生，导致氢气纯度降低；同时还存在脱氢催化剂容易失活等问题。

液氨储氢技术将氢气与氮气化合生成氨，以液氨作为氢能的载体进行储运或利用。氨在常压下沸点约-33℃，比液氢高了220℃，便于进行储存和运输。氢合成氨的工艺主要是哈伯法，即在高温高压、催化剂作用下氮气与氢气化合成氨。氨在常压、800～900℃的高温下可以分解得到氮气和氢气，该反应为强吸热反应，约有20%的氢气需被用作燃料提供反应所需的能量。氢-氨-氢过程的总能效只有50%～55%左右，且所得氢气尚需进一步提纯。因此，在终端可以直接用氨的场景下，使用该技术进行储运具有一定价值，若终端需要使用高纯度氢气，则整体储运系统的效率偏低，运行费用高。

总的来说，有机液体储氢、液氨储氢、甲醇储氢等技术可以获得较高的储氢密度，也可在较温和的条件下储氢，但放氢过程一般需要吸收额外的能量，且得到的氢气还面临提纯问题。其他化学储氢技术如配位氢化物储氢技术、无机物储氢技术等尚处研究阶段，储氢放氢性能有待进一步提高。如何提升储氢、放氢循环的总能效，如何提升放氢反应的选择性是此类技术需要解决的主要难题。

2.2.1.2　输氢技术

输氢包括管道输氢、陆路交通输氢和水陆交通输氢等，主要以压缩气态或液态的形式进行运输。

1.管道输氢

管道输氢可以利用现有天然气管网进行**天然气混氢管道运输**，也可以建设**纯氢管道运输**。

世界各地目前拥有近 300 万 km 的天然气输送管道，利用成熟的天然气管网掺杂氢气进行运输，可为氢能源的发展提供巨大的推动力。考虑管道安全因素和终端用气设备特性等要求，一般氢气的混掺比例在 5%～15%❶。

纯氢管道输氢运营成本低、能耗小、运输规模庞大，是实现氢气大规模长距离运输的重要方式。纯氢管道分为气态管道运输和液态管道运输两种。由于氢气分子小、逃逸风险高，高压氢气对材料要求苛刻，因此纯氢管道的建设成本较高。液氢输送管道需保证低温运行，建设和运行技术要求更高，成本也更高。

截至 2019 年，全球氢气专用管道总长 4543km，其中美国有 2608km，欧洲有 1598km，如图 2.15 所示。美国氢气管道运营压力一般不超过 7MPa，欧洲氢气管道运营压力为 2～10MPa，管道多采用无缝钢管。建设运营氢气专用管道的公司集中度较高，法液空（Air Liquid）、空气产品（Air Products）、林德（Linde）、普莱克斯（Praxair）四家公司合计市场占有率达到近 90%，如图 2.16 所示。中国国内的氢气管道主要有巴陵-长陵输氢管线和济源-洛阳输

---

❶ 李敬法，等. 掺氢天然气管道输送研究进展. 天然气工业，2021，41（04）：137-152。

氢管线，全长分别为 42km 和 25km，主要为石化行业的加氢反应器提供氢气原料。与发达国家相比，中国的管道输氢仍处于起步阶段，建设和运行经验有限。

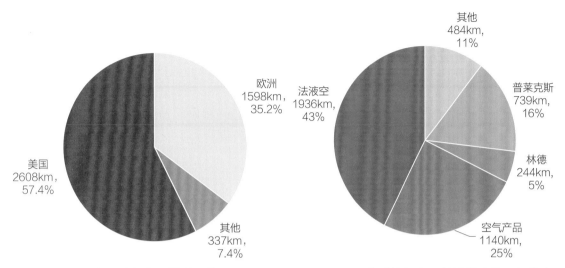

图 2.15　全球输氢专用管道现状　　　　图 2.16　全球输氢专用管道的建造、运营商

目前世界上最大的氢气管网是位于美国墨西哥湾的氢气管网，总长为 1000km 左右。管网沿线有 23 个制氢厂，产能合计超过 120 万 t/年，有 50 个用氢工厂，如图 2.17 所示。

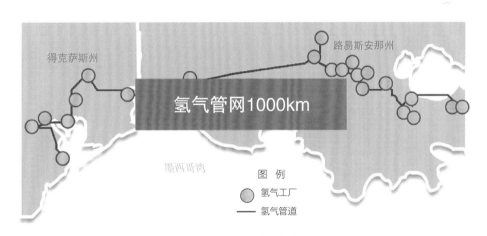

图 2.17　美国墨西哥湾输氢管网示意图

除了传统的钢制材料外，纤维增强聚合物复合材料（fiber reinforced polymer，FRP）、聚合物-层状硅酸盐材料（polymer-layered silicate，PLS）

等新型材料也被用于输氢管道研究。FRP 材料不易引起氢脆，抗腐蚀性能强，寿命可达 50 年，且与钢管相比可节约 20%～30% 的安装成本。但 FRP 管道当前还存在氢渗漏率较高、输氢压力低等缺点[1]。

氢气管道设计寿命通常为 30～40 年，氢气运输成本主要包括管道建设费用折旧与摊销、直接运行维护费用（材料费、维修费、输气损耗、职工薪酬等）、管理费及氢气压缩成本等。在管道的生命周期内，全部固定成本在总成本中约占 80%，可变成本占 20%。根据国内部分实际案例及研究案例，计算不同设计运输能力下氢气管道运输成本构成情况如表 2.5 所示。一般而言，在相同的负荷率下，管道运力越大，单位氢气运输成本越低。

表 2.5　氢气管道运输成本构成

设计运输能力（万 t/年）	成本项目	成本构成	数额	计量单位
10	固定成本	管道折旧费[a]	308000	元/（年·km）
		维护及管理费[b]	24640	元/（年·km）
	可变成本	氢气压缩费[c]	0.42	元/kg
		氢气运输损耗费[d]	13897	元/（年·km）
50	固定成本	管道折旧费[a]	733300	元/（年·km）
		维护及管理费[b]	108600	元/（年·km）
	可变成本	氢气压缩费[c]	0.42	元/kg
		氢气运输损耗费[d]	5431	元/（年·km）

[a] 包含管道建设费用、部分维修费用及借款利息折算至 30 年运行期内。
[b] 包含管道部分维修费用及人员费、管理费、安全生产费。
[c] 包含燃料动力和辅助材料费用。
[d] 为运输过程中泄漏、损耗的氢气导致的损失费用。

管道输送的年运输能力取决于设计能力和运营压力，对运输距离不敏感。对输氢量为 10 万 t/年的管道而言，假设输送距离为 S（km），不同负荷率 X 运

[1] SMITH B, EBERLE C, FRAME B, et al., FRP Hydrogen Pipelines, FY 2006Annual Progress Report, 2, 2006。

行下年总输送成本 C（元）为

$$C = (308000 + 24640)S + 10 \times 10^7 \times 0.42S \cdot X + 13897S$$

单位运输成本 c [元/（t·km）] 为

$$c = \frac{(308000 + 24640)S + 10 \times 10^7 \times 0.42S \cdot X + 13897S}{10 \times 10^4 S \cdot X}$$

如图 2.18 所示，管道运输的吨千米成本受运能利用率的显著影响，随着运能利用率的下降单位运输成本大幅度提升，在利用率提升到 40% 以上之后运输成本的变化幅度减缓。当输氢距离超过 200km，系统利用率超过 40%，输氢成本低于 10 元/（t·km）。

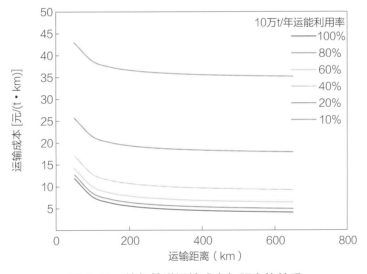

图 2.18　输氢管道运输成本与距离的关系

当前，相比于天然气管道，纯氢管道的输送能力还较小，约为 10 万 m³ 级。国际氢能委员会（Hydrogen Council）、欧洲输气运营商联盟（Entso-g）等机构已经对百亿立方米级纯氢管道开展相关研究，预计在同等压力和输送管径的情况下，投资成本约为输气管道的 1.5 倍[1,2]。

---

❶ Hydrogen Council，Hydrogen Insights 2021，2021。

❷ Entso-g，European Hydrogen Backbone，2020.7。

2. 陆路交通输氢

陆路交通输氢包含公路和铁路输氢，以运送高压气氢和液氢为主。**长管拖车主要用于运输高压气态氢**，国内加氢站的氢气配送主要以长管拖车为主。中国常用的高压管式拖车一般装配 8 根高压储气管，直径 0.6m，长 11m，标称工作压力 0.2 ~ 30MPa，工作温度为 –40 ~ 60℃ 。满载氢气的质量仅约 200 ~ 500kg，同时因为回空压力不能过低，使得系统整体利用率仅为 75% ~ 85%。

国内加氢站的外进氢气大多采用气氢拖车进行运输，比较适用于运输距离较近、输送量较低、氢气日用量为吨级的用户。长管拖车把氢气运至加氢站，进入压缩机内被压缩，并先后被输送至高压、中压、低压储气罐中分级储存，需要对汽车加氢时，加氢机可以从长管拖车、低压、中压、高压储氢罐按顺序取气加注。

气氢拖车运输成本主要包括固定成本（折旧费、人员工资等）和变动成本（包括氢气压缩耗电费、油料费等），具体如表 2.6 所示。

表 2.6 气氢拖车运输成本构成

成本项目	成本构成	数额	计量单位
固定成本	折旧费	10	万元/年
	人工费	30	万元/年
	车辆保险费	1	万元/年
可变成本	保养费	0.2	元/km
	油料费	1.5	元/km
	过路费	0.7	元/km
	压缩耗电费	0.6	元/kg

在年运输总量较大的情况下，可以调整气氢拖车的数量以应对运输量的变动，保证车辆满载运行。由上可知气氢拖车年固定成本为 41 万元，可变成本则取决于运输距离。计算可得单位氢气随运输距离变化而变化的运输成本，如图 2.19 所示，当输氢距离在 200~500km，输氢成本在 25~20 元/（t·km）。

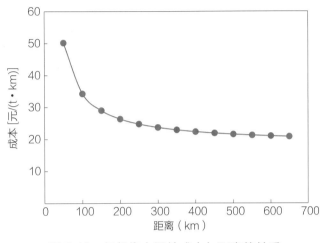

图 2.19　气氢拖车运输成本与距离的关系

槽罐车主要用于运输低温液氢。液氢密度为 70.85kg/m³，是气态氢的 800 倍，单台液氢槽罐车的满载体积约为 65m³，可运输 4t 氢，运输效率高。日本、美国已将液氢罐车作为加氢站输氢的重要方式。但液氢运输需要控制低温环境，在长距离运输时，需要解决液氢气化、压力升高的问题。中国尚无民用液氢输运的案例。

液氢槽车的运输成本结构与气氢拖车类似，但增加了氢气液化成本及运输途中液氢的沸腾损耗。液氢槽车成本具体如表 2.7 所示。

表 2.7　液氢槽车运输成本构成

成本项目	成本构成	数额	计量单位
固定成本	折旧费	4.5	万元/年
	人工费	30	万元/年
	车辆保险费	1	万元/年

续表

成本项目	成本构成	数额	计量单位
可变成本	保养费	0.2	元/km
	油料费	1.5	元/km
	过路费	0.7	元/km
	液化损耗率	0.5	%
	液化电费	6.6	元/kg
	运输损耗率	0.01	%/h

液氢储运的经济性与储量大小密切相关。液化相同热值氢气的耗电量比压缩氢气高数倍至十倍，加之液氢储存罐的选材和技术水平要求高，前期投入成本高。液化过程的相关成本（设备投资和电耗成本）占输氢成本比例达 70%～80%。由于液化设备的强规模效应，液氢罐车运输方式的输氢成本随着运输规模的增大而大幅降低；同时，随运输距离的增大，总成本变化不大，表现为单位距离运输成本呈现显著下降特点。液氢槽车单位氢气的运输成本变化如图 2.20 所示。当输氢距离在 500km 以上，输氢成本在 12 元/（t·km）左右。

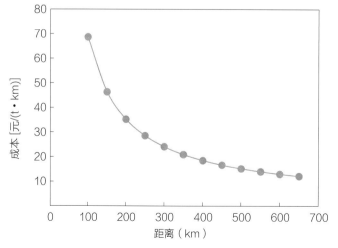

图 2.20　液氢槽车运输成本与距离的关系

铁路氢能运输主要以液氢槽罐车运输为主。深冷铁路槽车长距离运输液氢，输气量大、成本相对较低。槽车储气装置常采用水平放置的圆筒形杜瓦槽罐，存贮液氢容量可达 $100m^3$，部分特殊的扩容铁路槽车容量可达 $120\sim200m^3$，可运输 7~14t 氢。目前仅在国外有非常少量的氢气铁路运输路线[1]。

利用金属罐车可以实现固态储氢材料的运输，一定程度上避免压缩氢气所需的高压和液氢的低温易气化问题。将低压高密度固态储罐仅作为随车输氢容器使用，加热介质和装置固定放置于充氢和用氢现场，可以同步实现氢的快速充装及高密度、高安全运输，提高单车输氢量和输氢安全性，从而降低输氢成本。目前固态储氢材料运输都处于研究或小规模实验状态，还未商业化应用。

3. 水路交通输氢

水路输氢目前主要为远途海洋运输，通过专用**液氢驳船**对液态氢（包括液氢、载氢有机液体和液氨等）进行大批量运输。海运适用于距离远、容量大的氢能运输，按 17 万 m^3 级 LNG 船的运量计算，单次输氢量可达 1.2 万 t。运输载氢有机液体和液氨往往不能作为最终氢能产品直接使用，需要在到达目的地后通过化学方法进行氢能再生。因此氢能海运需要在适当的装卸码头建造必要的接卸、储罐、液化和再气化工厂等相关基础设施，当制氢工厂及用氢单位距离码头较近时，更具有经济性。

日本千代田公司在"SPERA Hydrogen"项目中将基于甲苯-甲基环己烷体系的有机液体储氢应用于氢的远洋运输，如图 2.21 所示。以甲苯-甲基环己烷为氢的载体，通过海运驳船实现从文莱至日本川崎的氢能运输，单程约5000km，该项目年运力 210t 氢。

---

[1] 王业勤，等. 制氢加氢"子母站"建设规划浅析. 化工进展，2020，39（S2）：121-127.

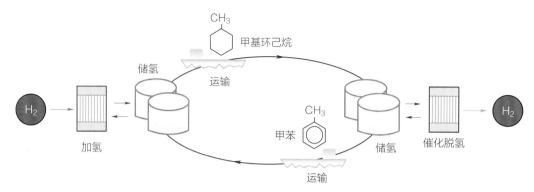

图 2.21 采用甲基环己烷的海运输氢系统示意图

4. 输电代输氢

除了输送实体的氢分子外，输送绿氢的来源——绿电也可以实现氢的大规模、长距离运输。特高压输电技术能够实现数千千米、千万千瓦级电力输送和跨国、跨洲电网互联；柔性输电可以提升系统运行灵活性，满足光伏、风电等清洁能源友好并网、支撑清洁能源灵活配置。通过输电技术可以将风、光等可再生资源丰富地区的优质廉价清洁电力输送至氢需求中心就地制氢，以输送绿电的形式达到输送绿氢的效果。

根据输送容量和距离的不同，以输电代输氢可以选择 330、500kV 交流，±500、±800、±1100kV 直流等技术。与其他输氢技术相比，输电技术已有多年成熟的建设和运行经验。进入 21 世纪，中国大力推进输电技术研究和工程建设，已建成投运晋东南—南阳—荆门等 12 项 1000kV 特高压交流输电工程，向家坝—上海等 13 项 ±800kV 特高压直流输电工程和准东—皖南 ±1100kV 特高压直流输电工程。过去，以先进输电代替一部分电煤运能，实现了煤炭资源在全国的优化配置，在经济、生态、区域协调发展等方面发挥了综合效益。未来，以输电代输氢实现氢的大规模远距离输送，对实现可再生能源、绿氢资源在全国的优化配置具有重要意义。输煤/输电和输氢/输电示意图如图 2.22 所示。

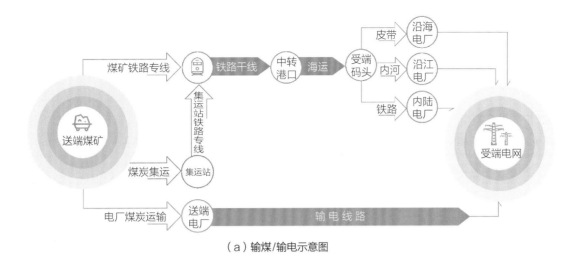

（a）输煤/输电示意图

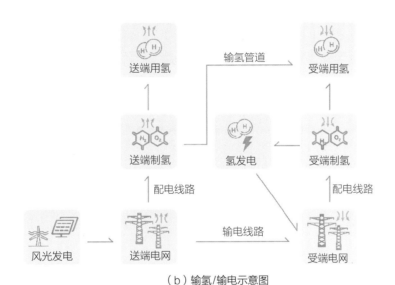

（b）输氢/输电示意图

图 2.22　输煤/输电和输氢/输电示意图

2.2.2　技术对比

2.2.2.1　储氢技术对比

储氢技术是输氢技术的基础，储氢的形态决定了输氢的形态和技术路线。储氢技术追求的方向包括更高的储氢密度、更高的氢质量占比、更温和的储氢环境和更低的能耗等，各项储氢技术各有自身的优劣势，如表 2.8 所示。

高压气态储氢技术成本低、能耗小、易脱氢，是发展最成熟应用最广泛的储氢技术。对于氢的固定式存储，例如加氢站和氢进出口终端的存储，高压气态储氢仍然是当前的最优选择。**液态储氢**能耗大，但储氢效率高，能适应公路、铁路、海运等多种方式运输，具有一定的发展潜力。**固态储氢**因其较高的储氢密度在对空间有要求的场景具有独特的应用潜力。**有机液体储氢**、**液氨储氢**等技术具有较高的储氢质量分数和温和的储氢条件，如能解决放氢能效、反应选择性等问题，在氢的远途运输中将具有很大优势。

表 2.8　主要储氢技术特点对比

方法	储氢密度（kg/m³）	储氢质量分数（%）	环境要求	放氢条件	技术阶段
高压气态储氢	10～40	1～6	常温，高压（10～70MPa）	减压	实用阶段
低温液态储氢	60～80	5～7	超低温（低于-240℃）	升温	实用阶段
固态储氢	100～150	1～5	常温常压	加热	示范阶段
有机液体/液氨储氢	45～100	5～8	常温常压	高温催化分解	示范阶段

2.2.2.2　输氢技术对比

1. 技术特点

输氢技术依托于储氢技术的发展而进步，针对不同的储氢技术和储氢形态，需选用不同的输氢方式，输氢经济性也一定程度上取决于储氢技术的经济性。

对于气态储氢方式，常用的输氢方法包括长管拖车运输、管道输氢等，气氢运输具有能耗小的优势。液氢、载氢有机液体一般选用专用槽车和驳船运输，可实现单次大批量氢运输，但制备、放氢过程能耗大。固态储氢材料则可通过金属罐车运输，尚处小规模试验阶段。目前高压气态储氢与低温液化储氢技术成熟，长管拖车短距离气氢运输、槽罐车液氢运输已完成商业化应用，远距离大批量海运输氢依赖于港口附近配套的氢转换、气化工厂等基础设施。有机液体储氢等化学储氢技术在海运中比液氢更具优势，随着有机液体载氢技术的成熟有望实现商业化应用。主要输氢技术特点对比如表 2.9 所示。

表 2.9 主要输氢技术特点对比

储氢方式	输氢方式	运输设备	制备能耗（kWh/kg）	加压能耗（kWh/kg）	放氢能耗（kWh/kg）	储运能效（%）
气态储氢	管道输氢	管道	<1	1.5	—	95
	陆路交通输氢	长管拖车	2	1	—	90
液态储氢	陆路/水路交通输氢	液氢槽车/驳船	10~16	1	—	75
固态储氢	陆路交通输氢	金属罐车	—	2	11	85
有机液体/液氨储氢	陆路/水路交通输氢	液体槽车/驳船	—	2	10	85

2. 适用场景分析

各类输氢技术具有各自的特点，适用于不同场景。对于在城市内部或区域之间的中短距离小规模的氢输送，建设输氢管道或架设输电线路需要较高的初始投资，气氢拖车和液氢槽车的输送方式更为灵活。对于大规模、远距离输氢，如从大规模绿氢生产基地向城市门户的氢气输送，管道输氢和输电代输氢的方式具有明显优势。对于沿海地区，在海外清洁能源基地制氢并通过液氢、载氢有机液体、液氨等方式开展大宗氢气的跨洋输送，也是经济可行的氢能资源配置方式。不同输氢技术适用场景如图 2.23 所示。

小规模近距离输送，专用输氢管道高额的初始投资使得管道输氢的单位运输成本较高，因此经济性较差。且短途小规模市场需求常具有不确定性，从对市场风险的适应性而言，气氢拖车与槽罐车的单车运输量不大，在市场需求波

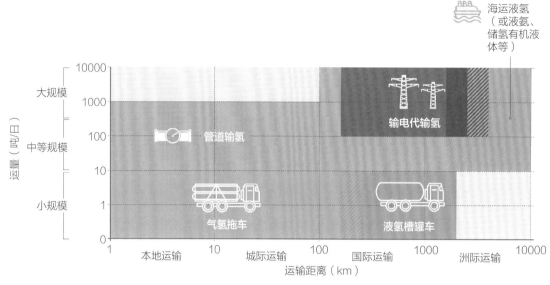

图 2.23　不同输氢技术适用的场景

动时可以通过调整运输车数量保持车辆处于满载运输状态，年总运输量变化对单位运输成本的影响很小，对市场需求波动具有较强适应性。而氢气输送管道尽管满负荷运营状态下单位运输成本低，但其成本优势是由其巨大的运输能力保证的，单位运输成本受运输量影响明显，一旦市场需求下降，设计运能不能充分发挥，管道输氢的成本将明显升高。

　　对于近距离的氢输送，液氢槽车运输成本高于气氢罐车。主要原因是液氢制备过程耗能大，在液氢槽车运输成本中液氢制备成本占比较大，随着运输距离增加，液氢槽车的单位运输成本有明显下降。气氢拖车在 300km 以内的短途运输具有一定的成本优势，液氢槽车则在 300km 以上的中距离运输中占优。小规模较近距离下，气氢拖车、液氢槽车、气氢管道三种氢运输方式经济性对比如图 2.24 所示。

　　小规模中距离，液氢、载氢有机液体（以甲苯–甲基环己烷体系为例）、液氨等液态含氢化合物可通过专用槽车运输，是该场景下可行的输氢方案。这三类技术的共性是制备或放氢过程有较高的能耗。液氢制备过程能量损失（即能耗占所运输氢的能量比）在 30% 左右，放氢过程能量损失可基本忽略；日本已

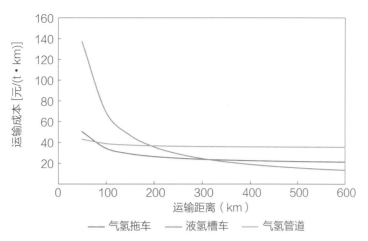

图 2.24　小规模近距离场景下三种输氢方式经济性对比

实现了基于甲苯–甲基环己烷体系的氢运输，制备、放氢过程能量损失在 28% 左右；对于液氨而言，合成氨和氨分解制氢过程能耗均较高，能量损失在 45%~ 50%。制备、放氢过程能耗越大，对短途运输的成本影响越大。

液氢或液态化合物储氢的一大优势是氢储运密度较高，运输效率高。液氢密度为 71kg/m³，甲基环己烷、液氨中氢的密度分别为 48、120kg/m³，均高于 70MPa 下的气氢密度（约 40kg/m³）。液氢、甲基环己烷、液氨储运特性对比如表 2.10 所示。

表 2.10　液氢、甲基环己烷、液氨储运特性对比

输氢方式	制备、放氢过程能量损失（%）	氢储运密度（kg/m³）
液氢	30	71
甲基环己烷	约 28	48
液氨	45~50	120

从放氢之后的处理环节看，液氨、甲基环己烷放氢后均需提纯过程，增加了额外的费用；液氢则不需要提纯。

根据上述分析，对液氢、甲基环己烷、液氨三种输氢技术进行对比，结果如图 2.25 所示。液氢槽车运输仍然是小规模中距离场景下经济性最佳的运输方式。对于甲基环己烷，其氢储运密度低于液氢，且放氢后需提纯，故成本高于液氢。对于液氨，其制备、放氢过程能量损失大，且放氢后也需提纯，故成本也高于液氢。但对于液氨、甲基环己烷等载氢有机液体而言，如能利用现有的运输设备，则可一定程度上减少初始投资，降低运输成本。

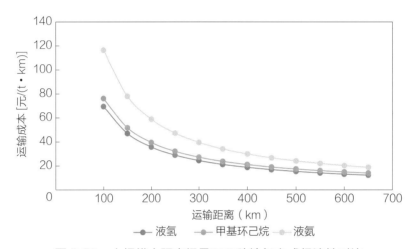

图 2.25　小规模中距离场景下三种输氢方式经济性对比

大规模远距离场景，可选择管道输氢或输电代输氢实现氢的运输。目前，投入实际应用的输氢管道规模普遍较小，尚无百亿立方米运能级别管道的应用实例。参考中国西气东输工程，设计年运能 120 亿 m^3 的天然气管道单位长度投资成本约 1350 万元/km，同等规模的氢气管道单位长度投资成本约为天然气管道的 1.5 倍，即 2000 万元/km 左右。在年输送量达到设计运能的情况下，2000km 管道输送氢和天然气的单位成本约为 0.35 元/m^3（4 元/kg）和 0.23 元/m^3，如表 2.11 所示。

表 2.11　天然气和氢的单位体积输送成本

输送技术	输氢	输天然气
单位体积输送成本（元/m^3）	0.35	0.23

远距离、大容量的特高压直流输电技术较为成熟。±800kV 直流工程经济输电距离为 1500～2500km，输电容量 800 万～1000 万 kW；±1100kV 直流工程输电距离可达 3000～4500km，输电容量达到 1000 万～1200 万 kW。特高压直流输电投资成本主要包括两端的换流站和线路两部分，结合中国特高压直流输电实际工程项目投资和运行参数，包括向家坝—上海±800kV 直流输电示范工程、锡盟—泰州±800kV 输电项目、准东—皖南±1100kV 直流输电工程等，±800kV 和±1100kV 电压等级换流器单站投资分别为 43.6 亿元和 76.7 亿元左右，架空线工程单位长度投资分别为 410 万元/km 和 702 万元/km 左右，如表 2.12 所示。

表 2.12　特高压直流输电工程项目投资成本

电压等级	容量（MW）	换流站单站总价（亿元）	单位长度投资（万元/km）
±800kV	8000	43.6	410
±1100kV	12000	76.7	702

±800kV 特高压直流工程年输送电量为 480 亿～600 亿 kWh，可供受端制氢 85 万～105 万 t，与百亿立方米级管道的输氢能力相当，输电成本约 0.06 元/kWh。

对比电、氢和天然气等不同能源品种的输送成本，需统一能量单位，报告采用千瓦时为统一的能量计量单位，标准状况下每立方米氢、天然气所蕴含的能量分别约为 3.6、10kWh，相同体积的氢能量仅为天然气的约 1/3。在输送距离 2000km 的情况下，输电、输氢和输天然气的单位成本如表 2.13 所示。

表 2.13　电、氢和天然气单位能量输送成本

输送技术	输电	输氢	输天然气
单位能量输送成本（元/kWh）	0.06	0.096	0.023

从单位能量输送的成本上来看，在大规模、远距离陆上输氢场景中，输电代输氢具有较好的经济性。

2.2.3　研发方向

1. 氢液化技术

氢液化技术是实现液氢应用的关键技术环节。中小规模的氢液化设备通常采用 Brayton 氮循环技术，大规模氢液化设备通常采用 Claude 氢循环技术通过氢透平膨胀机的等熵膨胀实现低温区降温液化。其中氮透平膨胀机和氢透平膨胀机分别是两种工艺中的核心设备，后者技术难度较大。

主要攻关方向包括：高效氢透平膨胀机的设计以及机组参数优化与动态仿真技术；大型高效低温氢气换热器的设计与制造工艺；低温透平膨胀机系统密封、绝热技术等。

2. 氢储罐技术

氢储罐技术是实现各种形态氢气高效储运的关键。追求更高的储氢密度需要提升气氢储存的压强，对储罐的耐压性能和高压下的密封性能提出了很高要求；追求更高的输氢效率需要提升氢质量占比，这要求在满足储氢需求和安全性的前提下尽可能减轻储氢容器的自重。当前全复合轻质纤维缠绕储罐各方面性能优秀，同等储量下质量仅为钢瓶的一半，是各国开发的重点。对于液氢储罐，还需提升其绝热性能，旨在降低保温过程耗费的能量。

主要攻关方向包括：碳纤维缠绕高压氢瓶制造技术，重点在于避免高压条件下氢气从塑料内胆渗透以及塑料内胆与金属接口的连接、密闭问题；开展高真空绝热、真空多层绝热以及大面积冷却屏等绝热技术研究，研发低损耗率液氢储罐；提出氢容器燃烧与爆炸防护基准策略，研究储氢装置的安全设计方法并形成储氢装置的全面安全健康诊断方法。

3. 管道输氢技术

管道输氢技术的研发方向主要有减轻纯氢或天然气掺氢对管道的腐蚀、提升输运安全性、开发纯氢管道相关的调压设备等。

主要攻关方向包括：研制纤维增强聚合物复合材料、聚合物-层状硅酸盐材料等输氢管道新材料；氢管道渗漏扩散机理研究，管材对纯氢和天然气掺氢输送的相容性研究；纯氢管道多级减压和调压技术和装备研发，掺氢管道掺氢设备研发；纯氢和掺氢管道的安全事故特征和演化规律，应急抢修技术研究；纯氢管道末端增压技术研究。

4. 固态储氢材料技术

固态储氢材料的研发方向侧重提升储氢质量分数、降低脱氢过程的能耗、材料的批量化生产和以固态储氢材料为核心的储氢系统的构建等。

主要攻关方向包括：储氢材料吸/放氢热力学和动力学研究；高储氢质量分数储氢材料的设计和制备；高储氢质量分数储氢材料吸/放氢速率控制；储氢材料循环性能衰减机制研究，开发长寿命储氢材料；固态储氢材料释放氢气中杂质的种类、含量分析及杂质抑制方法研究。

2.2.4　技术经济性趋势

1. 储氢技术

储氢技术方面，大规模固定式储氢预计将采用高压气态储氢的形式，存储罐以金属储罐和金属内衬纤维缠绕储罐为主，存储压力在 15～50MPa，当前储氢设备建设成本在 1000 元/kg 左右。预计到 2030 年，碳纤维缠绕高压氢瓶制造技术进一步成熟,储氢设备成本将下降至 500～800 元/kg;到 2050、2060 年有望进一步下降至 300、250 元/kg 左右。

对于车用储氢等小规模存储,35MPa 和 70MPa 全复合轻质纤维缠绕储罐是当前的主流选择。当前 35MPa 全复合轻质纤维缠绕储罐成本在 3500 元/kg 左右,70MPa 全复合轻质纤维缠绕储罐尚未实现规模化应用,成本在 4500 元/kg 左右。预计到 2030 年,70MPa 全复合轻质纤维缠绕储罐技术成熟,实现规模化应用,成本下降至 3500 元/kg;到 2050 年,高压储罐成本进一步下降,同时固态储氢材料技术取得突破,初步实现商业应用,储氢设备成本有望下降至 2000 元/kg;到 2060 年,随着储氢技术的进一步成熟,储氢设备成本有望进一步下降至 1500 元/kg。

在航空航天等对空间要求较高的场合,低温液态储氢或固态储氢材料预计仍将是最优选择。

2. 输氢技术

各类输氢技术适用的场景不同,应根据具体情况选择合适的技术。

大规模、远距离陆上输氢将以输电代输氢和管道输氢相结合。预计到 2030 年,纯氢管道制造技术、减压和调压技术成熟,大规模输氢管道(以年运能 120 亿 m³ 考虑)建设成本将下降至 1350 万元/km,与当前天然气管道成本相当,输氢管道千千米网损(含气体损失及能耗)控制在 1% 左右,单位输氢成本在 2.7 元/kg;到 2050 年,纤维增强聚合物复合材料等新型输氢管道实现商业应用,输氢管道千千米网损控制在 0.3%～0.5%,单位输氢成本在 2 元/kg 左右;到 2060 年,随着输氢管道技术进一步成熟,输氢管道千千米网损有望进一步下降至 0.1%～0.2%,达到天然气管道水平,单位输氢成本达到 2 元/kg 以下。

小规模、中近距离的陆上输氢以拖车和槽车为主。如距离为 300 ~ 1000km、平均运量小于 10t/日的不确定性需求，将以液氢槽车为主，根据距离不同，单位输氢成本在 5 ~ 10 元/kg；近距离的陆上输氢，如城市内部或区域之间的近距离氢气配送，将以气氢拖车运输为主，单位输氢成本在 3 ~ 6 元/kg。

氢的跨洋洲际运输，将以海运液氢或液氨、氢化合物等形式实现。液氢运输技术成熟，缺点在于氢液化过程耗能高，运输过程液氢易挥发损失；液氨运输的主要优点是可借助成熟的氨储运设施、运输过程损耗小，缺点在于终端氢再生过程耗能高；甲基环己烷等载氢有机液体可以充分利用现有石化行业的储运设施，关键在于能否实现高效、高选择性的加氢/脱氢过程。预计到 2050 年，海运液氢（或液氨、载氢有机液体）的运输成本在 14 元/kg 左右。

2.3 用氢技术

氢能可以便捷地转化为热、电等多种能量形式，同时氢气也是重要的工业原材料，应用场景丰富。在部分难以直接电气化的终端用能领域，氢是实现低碳化的关键，如作为燃料电池汽车的燃料应用于交通运输领域，为工业领域提供高品质热或作为化工原料，应用于分布式发电或热电联产等，应用潜力巨大。

2.3.1 技术现状

氢的应用广泛，可用于能源、化工、航天、电子工业、食品加工工业等领域。目前，全球每年用氢量达 1.15 亿 t，绝大部分都来自化工领域，其中炼油、合成氨以及合成甲醇三大产业占世界年用氢量的 70%，其他 30%主要包括在食品、医药、半导体等领域的原材料利用，除航空航天外，少有能源领域利用[1]。据中国氢能联盟统计，2019 年中国年用氢量约 3300 万 t，主要集中在合成氨、合成甲醇、石化和煤化工等领域，如图 2.26 所示。与世界平均水平相比，中国

---

[1] 数据来源：IEA，The Future of Hydrogen，2019。

合成氨、合成甲醇用氢占比更高。从碳中和发展要求分析，未来氢在能源、交通、冶金等行业有很大应用潜力。

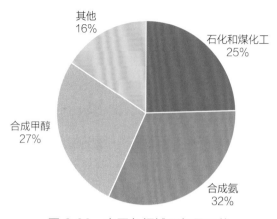

图 2.26　中国各领域用氢量现状

2.3.1.1　化工领域

1. 石油炼化

在石油炼化生产过程中，部分工艺环节需要氢作为原料，主要用于去除原油中的杂质（如硫等）并升级改造重油，小部分用于制备油砂和生物燃料。加氢精制和加氢裂化是炼油厂中主要的耗氢过程。加氢精制用于去除原油中的杂质，特别是硫、氮、氧等，目前的石油脱硫工艺可去除原油中 70% 的硫。加氢裂化是在高温和催化剂存在的条件下，加氢使重质油发生裂化反应，转化为汽油、煤油、柴油等轻质燃油。炼厂主要用氢装置及相应的氢气消耗量如表 2.14 所示。

2018 年，全球石油炼化消耗氢约 3800 万 t/年，占全球氢总需求量的三分之一[1]。炼厂其他环节副产氢大约能满足炼厂用氢需求的三分之一，另外三分之二的氢气通过炼厂专用设施中生产（绝大部分为甲烷蒸汽重整制氢）或者外购。

---

[1] 数据来源：IEA，The Future of Hydrogen，2019。

表 2.14　炼厂主要用氢装置及氢气消耗量

装置名称	原料名称	氢气用量（m³/t）
加氢装置	直馏石脑油	3
	FCC 石脑油	56
	煤油	8
脱硫装置	低硫柴油（硫含量≤0.02%）	8
	低硫柴油（硫含量≤0.05%）	12
	高硫柴油（硫含量≤0.2%）	25
	高硫柴油（硫含量≤0.5%）	29
	FCC 柴油	83
	常压渣油	143
脱芳烃装置	脱硫柴油（芳烃含量≤20%）	21
	脱硫柴油（芳烃含量≤10%）	48
加氢裂化	减压蜡油	171~214
	常压渣油	171~429

随着交通行业的清洁化转型，燃料油的需求将大幅降低，石油将逐渐由能源属性回归原材料属性。未来，整个石油炼化行业对氢的需求将不断减少。

2. 合成氨

氨是重要的基础化工原料，主要用于生产化肥，这部分约占氨消费量的70%，称之为"化肥氨"；同时氨也用于生产染料、炸药、合成纤维、合成树脂等，这部分约占氨消费量的 30%，称之为"工业氨"。随着人口的增长和人类对粮食需求的增加，合成氨需求将进一步增加。

氨主要通过哈伯法合成，即氮气和氢气在高温、高压和催化剂存在下直接化合生成氨气，这是一种重要的基本无机化工流程，反应式为

$$N_2 + 3H_2 = 2NH_3$$

合成氨的原料和工艺主要取决于生产氢气的原料和工艺，目前通常采用煤气化和天然气蒸汽重整的方法制氢，对应于煤制合成氨（煤头氨）和天然气制合成氨（气头氨）。不同地区天然气和煤炭的价格水平是选择原料和工艺路线的主要决定因素。从技术可行性的角度来看，在合成氨行业中，绿氢完全可以替代来自化石能源的灰氢，未来随着清洁能源发电和电解水制氢设备成本的下降，绿氢在合成氨领域中的占比有望不断提高，降低行业的碳排放水平。

3. 合成甲醇

甲醇是重要的有机化工原料，同时也是一种优质的液体燃料。用于原料的甲醇消费居醇类产品之首，广泛应用于制备甲醛、甲基叔丁基醚（MTBE）、醋酸以及烯烃等。中国是全球最大的甲醇生产国，2018 年甲醇产量达 5576 万 t，甲醇在制烯烃（MTO）工艺中的消费不断增长。

氢气是制甲醇的直接原料，通过与一氧化碳、二氧化碳发生化合反应生成甲醇。与合成氨类似，甲醇的生产过程也包括制氢过程，同样涵盖煤炭和天然气两种原料，具体工艺路径的选择主要取决于原料成本。世界大部分国家主要采取天然气制甲醇，中国由于能源资源禀赋的约束，主要采取煤制甲醇。

专栏 2.2　碳捕集与电制原材料技术结合实现变废为宝
——液态阳光示范工程

　　2020年1月，由中国科学院大连化学物理研究所研发、兰州新区石化产业投资集团有限公司建设和运营、华陆工程科技有限责任公司设计的"千吨级液态太阳燃料合成示范装置"试车成功。

　　该项目由太阳能光伏发电、电解水制氢、二氧化碳加氢合成甲醇三个基本单元构成，采用高选择性、高稳定性二氧化碳加氢制甲醇催化技术，配套建设总功率为10MW光伏发电站和2台1000m³/h电解水制氢设备，技术路线如专栏2.2图所示。液态阳光工程是碳捕集与电制燃料、原材料技术相结合的典型案例，利用可再生能源将捕集来的二氧化碳转变为甲醇，实现变废为宝。

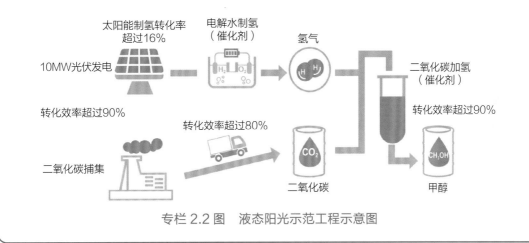

专栏 2.2 图　液态阳光示范工程示意图

　　用电解水生成的绿氢还原二氧化碳生成甲醇，是制取甲醇的新途径。绿氢制甲醇不仅本身生产过程清洁零碳，还可以实现将其他途径排放的二氧化碳固化利用，未来有望成为甲醇制造的重要来源。目前，欧洲和中国已建成多个示范工程。氢还原二氧化碳生成甲醇的反应过程需要较高的温度（270℃左右）和压强（8MPa），以铜锌基金属氧化物作为催化剂，二氧化碳和氢气反应生成甲醇和水，并放出一定量的热量（87kJ/mol），化学反应方程式为

$$CO_2 + 3H_2 \xrightarrow{\text{催化剂}} CH_3OH + H_2O$$

4. 合成甲烷

甲烷（CH_4）是最简单的有机物和天然气的主要成分，主要来源于气田、油气田开采。通过萨巴捷反应可以用氢来还原二氧化碳人工合成甲烷。在一定的温度（200℃左右）和压强（2MPa）下，以镍、钌等金属作为催化剂，二氧化碳和氢气反应生成甲烷和水，并放出大量的热（165kJ/mol），反应选择性可达90%以上。化学反应方程式为

$$CO_2 + 4H_2 = CH_4 + 2H_2O$$

氢制甲烷尚未实现大规模商业化应用，主要原因是当前的氢绝大部分来源于化石能源，如果再用氢制取甲烷等化石能源，无论能效还是经济性都较差。目前，仅在德国、西班牙等欧洲国家建立了数项示范工程，主要用于探索利用电制气（P2G）技术提高可再生能源发电的利用率，减少弃风弃光。未来随着可再生能源发电的大规模发展和成本降低，用电制的绿氢和捕集的二氧化碳为原料合成甲烷将有较大的发展潜力。一方面，可以提高能源体系对风、光等波动性较强的可再生能源的消纳能力；另一方面，甲烷相比氢更容易存储、运输和在终端应用，可以直接应用现有的天然气基础设施，减少新增投资。

绿氢制甲烷或甲醇等有机物的过程，本质上都是利用清洁电力将化石燃料燃烧后产生的二氧化碳重新生成可利用的燃料或原材料。这个过程与原有的化石能源利用体系可以共同构成零碳排放的碳循环利用系统。碳元素在这个循环过程中始终是能量的载体，通过价态变化吸收和释放能量，电能是驱动此类还原反应的关键。循环过程如图 2.27 所示。

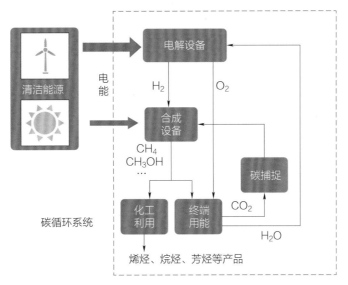

图 2.27　碳循环利用示意图

在难以直接电能替代的领域，如冶金、化工、工业制热等，构建上述的碳循环利用系统，可以在不改变终端能源/原料方式的条件下，间接实现电能替代，达到能源利用全过程零碳排放。相比直接利用天然气，每吨绿氢制备的甲烷可以减少碳排放 2.8t。

绿氢在化工领域的应用深刻反映了全球能源互联网"**一个转化**"理念的科学内涵。基于绿氢的合成甲烷、合成甲醇等新型化工，本质上是以电为驱动力实现碳、氢、氧等元素在不同形态间的人工转化，清洁可再生电力使得不可再生的有机燃料和原材料可以人工实现转化和循环利用。

2.3.1.2　能源领域

氢在能源领域的应用主要包括发电、制热以及热电联产等，但由于制氢成本较高，氢在能源领域应用较少。在发电方面，氢燃料电池和氢燃气轮机都是可选的技术路线，各自有其优缺点。在以新能源为主体的新型电力系统中，氢发电将发挥重要的作用。在新能源大发时段，通过电制氢提高系统消纳能力，在系统电力供应不足时，再通过氢发电满足用电需求。电−氢−电转换过程相当于为电力系统提供了一种大规模、长时间的储能，如图 2.28 所示。

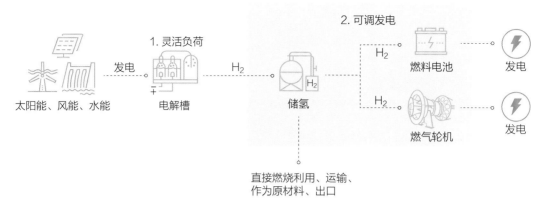

图 2.28 电–氢–电转换过程示意图

制热方面，氢在工业和建筑领域有着较大的应用潜力。工业领域，水泥、玻璃、造纸、纺织等产业需要大量热能，建筑领域的热能需求则包括空间取暖、生产热水和烹饪等，目前，这些热能多由化石能源提供。氢制热技术为这些领域减碳提供了选择，但也往往面临着电制热、太阳能制热等其他清洁制热技术的竞争。

1. 氢燃气轮机发电

燃气轮机是一种旋转叶轮式热力发动机，以连续流动的气体为工质带动叶轮高速旋转，将燃料的能量转变为机械能。电厂用燃气轮机属于重型燃气轮机，气体工质通过布雷顿循环对外做功，简单循环过程可分为耗功压缩、吸热温升、膨胀做功、放热焓降四个过程，燃气轮机的动力机械结构如图 2.29 所示。压气机从外界大气环境吸入空气，并经过轴流式压气机逐级压缩使之增压，同时空气温度也相应提高；压缩空气被压送到燃烧室与喷入的燃料混合燃烧生成高温高压的气体，再进入到涡轮中膨胀做功，推动涡轮带动压气机和外负荷转子一起高速旋转，实现了气体或液体燃料的化学能部分转化为机械功，并输出电功。重型燃气轮机电站造价低、调峰性能好、用水少，能够参与深度调峰，保证电力系统高效、稳定。

使用氢气作为燃气轮机的燃烧气能够实现温室气体零排放，但氢气物理性能、燃烧特性与天然气差异巨大，氢气的火焰传播速度是天然气的 8 倍，比热容是天然气的 7 倍，空气中扩散系数约为天然气的 3 倍，燃气轮机需要改造才能适应燃料特性的变化。富氢、纯氢燃气轮机的技术难点包括三方面：一是解决回火和火焰振荡问题以增加涡轮机的安全和可操作性；二是高温高压下富氢、纯氢的自动点火问题；三是燃烧系统的设计需要尽可能减少 NO_x 排放。

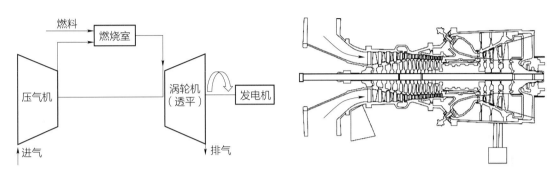

图 2.29　燃气轮机工作原理与机械结构示意图

氢燃气轮机由于燃烧速度快、火焰温度高，燃烧室中热力型 NO_x[1]排放量是天然气燃烧的近 2 倍，容易造成环境污染与设备损坏。为了减少 NO_x 的产生，需要降低燃烧时火焰温度、缩短火焰停留时间。主要技术路线分为两种，湿式低 NO_x 燃烧方法（WLN）一般通过将水喷洒到火焰的高温部分以抑制 NO_x 排放，但随着水的蒸发，发电效率会降低，并且未经预处理的水质会导致涡轮机叶片腐蚀；干式低 NO_x 燃烧法（DLN）的发电效率高，通过分级燃烧方式、预混燃烧方法，实现燃烧稳定、火焰停留时间短，从而减少 NO_x 排放量，但仍需解决抑制火焰回流等问题。

三菱日立动力系统（MHPS）、通用电气（GE）、西门子（SIEMENS）等公司长期致力于富氢、纯氢的大功率燃气轮机的研究与应用，并已取得一定进展，氢燃烧气中氢气含量不断提高。截至 2018 年，MHPS 现役含氢燃料燃气轮机已达 29 台，运行小时超过 357 万 h。2018 年 MHPS 测试结果证实预混燃烧器可实现 30%氢气和天然气混合气体的稳定燃烧，单位发电量的二氧化碳

---

[1] 指燃烧过程中空气中的氮气在高温下氧化生成的氮氧化物。

排放可降低 10%❶。GE 公司针对富氢、纯氢燃气轮机的技术研发已有大量投入，为解决氢气回火、点火等问题，现已开发出两类燃烧器配置，包括 B 级和 E 级燃机的单喷嘴静音燃烧器，以及 E 级和 F 级燃机的多喷嘴静音燃烧器，其中纯氢燃料的 B 级和 E 级燃机已经完成实验室测试。2019 年，西门子的纯氢燃气轮机也已通过测试❷。

2. 氢燃料电池

燃料电池（fuel cell，FC）是把燃料中的化学能通过电化学反应直接转换为电能的发电装置。从理论上看，任何能够通过氧化还原反应释放化学能的物质（即燃料），如氢（H_2）、甲烷（CH_4）、甲醇（CH_3OH）、氨（NH_3），甚至固体碳，都能与合适的氧化剂（一般是氧气）组成燃料电池。但按照当前的工程技术水平，利用甲烷、甲醇等含碳燃料的电池，容易在电池负极发生积碳的现象，造成电池活性的快速衰退；氨燃料电池受限于反应动力学、对电极的腐蚀性、氮氧化物污染等问题，尚未得到推广；氢燃料电池具有反应体系简单，生成物（H_2O）清洁等优点，是当前应用最广的燃料电池技术。

氢燃料电池发电是电解水制氢的逆反应，其基本工作原理为：氢气（H_2）在电池的负极发生氧化反应，生成氢离子（H^+）和电子（e^-），氢离子在燃料电池内部穿过电解质迁移至电池正极，电子则通过外电路迁移至电池正极；氧气（O_2）在正极发生还原反应与氢离子、电子生成水（H_2O）。这一过程中，电子通过外电路形成回路，产生电流。氢燃料电池工作原理如图 2.30 所示。

燃料电池的技术路线很多，依据电解质的不同可以分为五类。**碱性燃料电池（alkaline fuel cell，AFC）采用氢氧化钾为电解质**，是最为成熟的燃料电池技术，早期用于军工、航天等特殊领域。**质子交换膜燃料电池（proton exchange membrane fuel cell，PEMFC）采用质子交换膜作为电解质**，

---

❶ 李海波，等. 浅析氢燃料燃气轮机发电的应用前景. 电力设备管理，2020（8）：94-96。
❷ Siemens. Power-to-X：The crucial businesson the way to a carbon-free world. 2020。

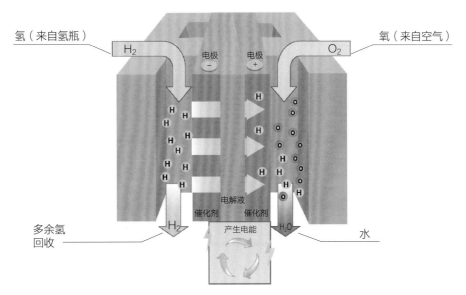

氢（来自氢瓶）　　　　　　　　　　　　　　　氧（来自空气）

H₂　　　电极　电极　　O₂
　　　　 −　　 ＋

电解液
催化剂　催化剂

多余氢　　　　　　H₂　　产生电能　　H₂O　　　　水
回收

图 2.30　氢燃料电池工作原理示意图

电池体积显著减小，因而通常用于汽车、潜艇、便携式电源等，成本较高。**磷酸燃料电池**（phosphoric acid fuel cell，PAFC）采用浓磷酸作为电解质，多用于小型发电设施。以上三种燃料电池的工作温度一般为 80~200℃，属于低温燃料电池。**熔融碳酸盐燃料电池**（molten carbonate fuel cell，MCFC）和**固体氧化物燃料电池**（solid oxide fuel cell，SOFC）分别采用锂钾、锂钠碳酸盐或氧化锆、氧化钇作为电解质，这两种燃料电池属于高温燃料电池，工作温度一般为 600~1000℃。

单个燃料电池的电压有限，需要通过大规模的串并联才能实现较高电压和大功率的电能输出。燃料电池理论电压取决于正负极两端所发生反应的标准电位差，根据所采用燃料的不同可获得不同的电压。氢燃料电池的单电池理论电压为 1.23V，在实际应用中，由于过电势、内阻以及传质速率等因素影响，实际输出电压往往只有 0.6~1.0V。为提高燃料电池的输出电压和功率，需要根据实际工况需求将不同数量的单电池串并联并模块化，即组成电堆。除电堆之外，燃料电池系统还包括一些必要的辅机装置，才能实现对外输出电能，包括燃料供给与循环系统、氧化剂供给系统、水管理系统、热管理系统、控制系统、安全系统等。

燃料电池与热机本质上都是将化学能转化为其他能量，但实现路径不同。从工作原理上看，燃料电池与热机同样是释放燃料化学能的能量转化装置，区别在于燃料电池直接将化学能转化为电能，而热机只能将燃料的化学能转化为热能。因此，相比氢燃气轮机化学能–热能–动能–电能的转化过程，**燃料电池不受卡诺循环极限的限制，理论上具有更高的能量转化效率**。常用于氢能汽车的质子交换膜燃料电池（PEMFC），其工作温度为 80～150℃，理论效率极限可达 80%～85%；高温固体氧化物电池（SOFC）工作温度为 600～1000℃，理论效率极限为 50%～65%，相比氢燃气轮机发电具有明显优势。受制于技术水平，理论效率极限很难达到，特别是低温燃料电池的实际效率降低更为显著。**当前常见的燃料电池系统实际效率通常为 40%～60%**。若实现热电联产，燃料电池的综合效率可达 80% 以上。

从全生命周期角度看，燃料电池系统成本包括电堆、系统部件、其他部分等，其中电堆成本占比通常在 50% 以上，对于采用铂等贵金属的 PEM 燃料电池，催化剂成本占电池总成本的一半以上。**当前氢燃料电池成本较高，随着规模经济和技术进步，燃料电池成本有望迅速下降**。根据美国能源部数据，以用于氢能汽车的 80kW 质子交换膜燃料电池为例，生产线年产量由 1000 套上升为 1 万套，燃料电池系统成本将下降超过 50%[1]。可以预见，未来几年内规模经济仍将是燃料电池成本下降的主要推动力。从长期看，技术进步是燃料电池经济性提升的内在根本动力。例如，对于 PEM 燃料电池，贵金属催化剂和全氟磺酸膜价格昂贵，是推高造价的主要原因。降低催化剂中铂、铱、铑等贵金属的用量、开发非贵金属催化剂及价格低廉的非氟质子交换膜是降低成本的关键。对于高温固体氧化物电池，随着电解质材料结构设计、生产工艺的进步，电堆成本有望进一步下降。

燃料电池在电力系统应用与车载应用的需求差别明显，成本差异较大。为提高电池功率密度，车载电池的寿命一般仅为 1 万 h 左右，难以满足电力系统

---

[1] DOE. Department of Energy Hydrogen Program Plan. 2020。

长期使用的要求；电力应用一般规模大，需要实现兆瓦发电能力，必须对模块
化燃料电池进行大量串并联组合，辅机设备（包括热管理、物质流管理等）设
计、制造、控制难度大幅也大大增加。目前，电力系统应用燃料电池发电的实
际工程较少，主要用于热电联产或重要设施的备用电源。

专栏 2.3　　　　韩国大山氢燃料电池发电站

　　2020 年 7 月，世界规模最大的氢燃料电池发电站——大山氢燃料电
池发电站（Daesan Hydrogen Fuel Cell Power Plant）于韩国忠清南道大山
工业园区竣工。该燃料电池电站内安装了 114 台 440kW 的磷酸燃料电池
（PAFC），装机容量共计 50MW，项目占地 2 万 m^2。

　　电站以工业副产氢为原料，通过管道运输的方式向电站供氢，发电
过程不会产生碳排放和环境污染，并可实现全年平稳供电。目前整套系
统的开动率在 95% 以上，每年为 16 万户家庭提供 400GWh 电力。该项目
由斗山燃料电池公司、韩华能源和韩国东西发电公司联合建设和运营，
韩国东西发电公司计划到 2030 年将燃料电池发电站扩建至 1GW。

---

3. 氢制热

　　与煤、汽油、天然气等燃料一样，氢气也可燃烧提供热量，主要设备为燃
氢锅炉。同时，氢气也可通过燃料电池的形式进行热电联供，充分利用燃料电
池余热，如日本的 Ene-Farm 项目❶。

　　燃氢锅炉包括燃氢热锅炉、燃氢导热油炉、燃氢熔盐炉等，目前常用于处
理副产氢，如许多氯碱企业用燃氢锅炉燃烧副产氢生产蒸汽。燃氢锅炉与煤气、

---

❶ 该项目将 SOFC 燃料电池用于家用热电联产系统，同时进行供电、空间取暖和生产热水。

天然气锅炉相比有更高的安全性要求。为确保点火时的安全，燃氢锅炉的点火系统通常采用二次点火方式，如先点燃液化石油气再点燃氢气，且需确保炉膛内不含任何氢气才能实施点火。燃烧控制系统是燃氢锅炉装置的关键，通过调节氢气流量、压力、氢气和空气比例等保证氢气燃烧的稳定性和锅炉的正常运行。其他安全措施包括采用氢气低压保护开关预防回火事故、采用气动开关防止电动阀门产生静电、开车及停车前用氮气吹扫炉膛以防止氢气集聚、采用氢气检测仪检查氢气有无泄漏等。

工业、建筑等领域有巨大的制热需求，一般而言对于建筑用热或需求温度较低的工业用热，热泵等电制热技术往往具有更高的效率和更好的经济性，氢制热的竞争力较差。建筑领域的热需求主要包括空间取暖、热水生产或烹饪等，氢制热的应用形式包括天然气管网掺氢或纯氢管道输送至用户直接燃烧，通过燃料电池热电联供或氢制甲烷后燃烧等，在欧洲、日本等地已有部分示范工程，如表 2.15 所示。

在工业高品质热领域（如水泥、玻璃、陶瓷等），使用燃氢锅炉满足零碳制热需求具有一定的应用潜力。据 IEA 统计，2018 年世界工业中高温热的需求约 12.8 亿 t 石油当量，多用于冶金、水泥、陶瓷、玻璃等行业。当前化石燃料是工业高品质热的主要来源，其中约 65% 来自煤炭，20% 来自石油，10% 来自天然气。氢制热是工业高品质热实现脱碳的重要方案，其应用前景和应用潜力还有待氢制热技术的发展以及制氢成本的下降。

表 2.15　建筑领域用氢方式和部分示范工程

用氢方式	特点	优势	示范工程
天然气掺氢	可利用现有天然气基础设施，掺氢比例一般为 5%~20%	可利用现有的大多数天然气管网设备，前期投资较少	法国 GRHYD 项目，英国 HyDeploy 项目
氢制甲烷	可利用现有天然气基础设施，需建设二氧化碳捕集设备和甲烷化工厂	可利用现有的天然气管网设备；以绿氢和捕集的二氧化碳为原料可实现零碳	欧洲 STORE&GO 项目（主要位于德国、瑞士和意大利）

续表

用氢方式	特点	优势	示范工程
纯氢管网	需投资建设纯氢管网等设施	可实现零碳，与合成甲烷相比能量损失少	英国 H21 项目（尚处前期测试阶段）
燃料电池热电联供	需投资建设燃料电池相关设施	可同时实现电、热等多种能源服务；总效率较高	日本 Ene-Farm 项目

2.3.1.3　交通行业

氢能替代化石能源是交通行业实现碳中和的重要途径之一。氢燃料电池技术具有低温下稳定运行、启动时间较短、充能快速等优点，是交通行业中一些应用场景脱碳的理想解决方案。随着燃料电池技术的发展进步，氢燃料电池汽车、氢能飞机、氢能轮船将具有巨大应用前景。

1. 氢燃料电池汽车

氢燃料电池汽车由动力系统、底盘、汽车电子系统和车身四个基本模块组成，其结构如图 2.31 所示。动力系统通过燃料电池系统和电动机为汽车提供动力，氢储存在车辆的压力罐中，通过燃料电池堆将氢的化学能转化为电能，并由电池作为辅助一同驱动电动机。除了动力系统，燃料电池车的其他部件与传统汽车基本一致。车辆底盘包括传动、转向、制动和行驶系统，车辆电子系统主要包括底盘控制系统、安全系统、通信系统等。

氢燃料电池汽车主要模块关系如图 2.32 所示，除燃料电池堆外，还包括供氢系统、供气系统、水管理系统和热管理系统等四个辅助系统❶。供氢系统将氢气输送到燃料电池堆，由空气过滤器、空气压缩机和加湿器组成的供气系统为燃料电池堆提供氧气，水热管理系统采用独立的水和冷却剂回路来消除废热和反应产物。通过热管理系统，可以从燃料电池中获取热量来加热车辆的驾驶室

---

❶ GreenWheel，Fuel Cell System and FCEVs Components。

等，提高车辆的效率。

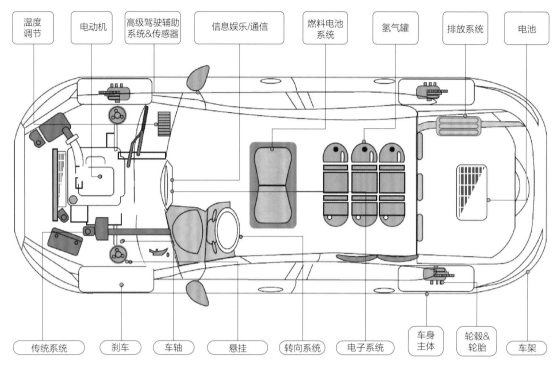

图 2.31　氢燃料电池汽车结构示意图

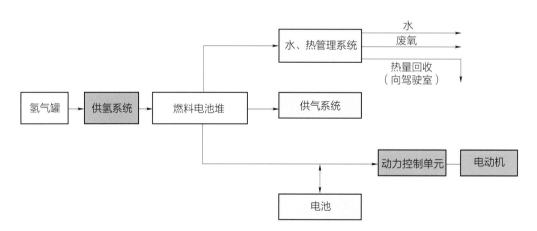

图 2.32　氢燃料电池汽车主要模块关系示意图

　　氢燃料电池汽车广泛应用于各种交通场合，所有车辆类型都有燃料电池车的产品或原型。乘用车已进行商业化应用，商用车领域中叉车、公交车、卡车处于应用前沿，未来具有巨大应用潜力。

燃料电池公交车是目前应用最广泛的燃料电车型之一。其原因在于公交车对公众运营，运营模式稳定，加氢站数量需求少，燃料电池公交车已成为绿色社会所倡议的交通方式模板。据统计，2020 年大型燃料电池客车的购置成本为200 万元左右[1]，其中燃料电池系统、蓄电池系统、储氢系统是重要组成部分，购置成本结构如图 2.33 所示。

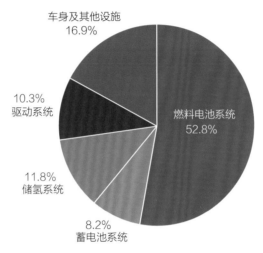

图 2.33　燃料电池汽车成本结构

燃料电池叉车是燃料电池技术的前沿应用。叉车所需输出功率低，只在小范围区域作业因此加氢站数量需求少，并具有长时间的稳定工作效率。燃料电池叉车已进入商业化应用，2020 年美国燃料电池叉车的保有量超过 2.5 万辆。

燃料电池卡车在同城、城际物流方面具有发展潜力。燃料电池卡车的续航里程可达数百至 1000 千米，能够完成大部分同城和城际的货物运输，并且其加氢时间短，大大提高了物流车队的作业效率。

2. 加氢站

加氢站建设是氢能交通的关键一环。提升氢加注环节的经济性，能够有效

---

[1] 资料来源：中通客车，车百智库。

降低氢的终端销售价格，推进氢能汽车的商业化推广。目前，中国已建与在建加氢站 181 座，其中在建加氢站 57 座❶。在 2020 年国内建成的 124 座加氢站中 105 座有明确的加注能力。加氢能力为 500kg/日的加氢站有 50 座，加氢能力为 1000kg/日的加氢站有 20 座，加氢能力大于 1000kg/日的加氢站有 7 座。

　　加氢站关键技术装备包括氢气压缩机、高压储氢装置、氢气加注机以及加氢站控制系统。加氢站工艺流程原理如图 2.34 所示，通过气氢拖车、液氢槽车等方式运输至加氢站的氢气，经管道进入调压计量装置输出稳定压力的氢气后，进入干燥系统进行干燥；经过干燥的氢气进入压缩系统后，由氢气压缩机增压储存至站内的高压储罐中，再通过氢气加注机为氢燃料电池汽车加注氢气。压缩系统根据当前工况决定对高压储气系统充氢，或直接通过售气系统给汽车加注氢气。

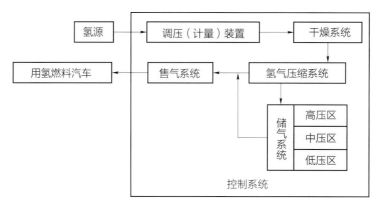

图 2.34　加氢流程示意图

　　加氢机是燃料电池汽车加注氢燃料的核心设备，加氢机上配备有加氢枪、温度与压力传感器、环境温度传感器、计量装置、加注控制器、软管、红外数据接收模块等。加氢机需要在保障对车载储氢瓶进行安全加注的同时，准确显示加氢量、金额等，并具备防雷、防静电等安全保护措施，能够实现紧急拉断、防止过充等功能。目前，加氢机主要有 35MPa 与 70MPa 两种，主要技术要

---

❶ 高工智能，2021 年中国氢电产业发展蓝皮书（1.0 版）。

求是加注过程不超温、不超压，同时时间尽可能短。根据国际标准 ISO15869 等对车载高压储氢系统提出的安全加注边界要求，气态氢加注过程中系统工作温度不能超过 85℃，最大气体流速低于 60g/s；对于 35、70MPa 的车载储氢瓶加注压力不能超过 43.8、87.5MPa；燃料电池汽车的氢加注时间与传统内燃机汽车加油时间相当，加氢时间在 3~5min。

加氢站控制系统主要功能是为加氢站全线优化管理提供监测与控制信息，包括对现场的工艺变量进行数据采集处理，进而控制加氢站内主要设备的工作状态以及工作参数，监控各种工艺设备、辅助系统设施的运行状态、逻辑控制及联锁保护、打印生产报表及报警和事件报告等。站控系统与安防系统、气体与火焰探测及报警系统有联锁功能。

建设加氢站的技术路线有多种选择，有以下几种分类方式：按照氢气来源可分为外供氢和站内制氢；按加注压力可分为 35MPa 和 70MPa；按照是否可移动可分为固定式、撬装式和移动式。其中，外供氢加氢站不设现场制氢装置，通过长管拖车、液氢槽车、输氢管道等将氢气运输至加氢站；内制氢加氢站在站内可选择采用电解水制氢、天然气重整制氢等制氢系统，站内制备氢气一般采用 PSA 吸附系统纯化干燥后进行压缩、储存及加注等。两种供氢方式的加氢站技术路线如图 2.35 所示。

氢燃料电池车的规模应用建立在加氢站的普及与推广的基础上，未来建设加氢站需要进一步考虑选址、安全评估等方面的因素。在选择建设何种类型的加氢站时，需要综合考虑评价当地供氢的技术经济性，包括加氢站规模、客户群体大小、原料供应链及运输成本等多种因素。

目前，加氢/加油、加氢/加气、加氢/充电、氢油气电综合补给等合建站发展模式是发挥联合建站集约优势、推广氢能应用的重要途径。在原有或新建加油站、加气站基础上引入加氢功能设施，使得站内兼具加油、加气、加氢等多种功能，能够避免重复建设，减少占地面积。目前，中国多个省市出台管理法

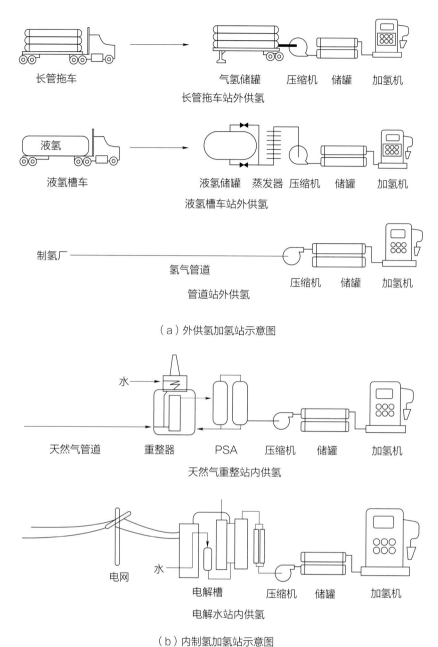

（a）外供氢加氢站示意图

天然气管道　重整器　PSA　压缩机　储罐　加氢机

天然气重整站内供氢

电网　水　电解槽　压缩机　储罐　加氢机

电解水站内供氢

（b）内制氢加氢站示意图

图 2.35　两种加氢站的技术路线示意图

案支持利用现有加油加气站点网络改扩建加氢设施，鼓励加氢站投资建设，如安亭加氢充电合建站、云浮新兴县加油加氢站、西上海油氢合建站、安智油氢合建站等❶。

---

❶ 中国电动汽车百人会，中国氢能产业发展报告 2020。

3. 氢能飞机

传统航空燃气涡轮发动机多使用航空煤油，CO_2、NO_x 的排放不可避免。氢动力能够避免 CO_2 等温室气体的排放，且氢具有能量密度高的优势，是航空领域实现碳中和的重要解决方案。

当前氢能飞机仍处于概念设计与飞行试验阶段。空客公司发布了未来氢动力飞机概念 "ZEROe"，概念机采用氢混合动力，既使用改进的氢涡轮发动机，又通过氢燃料电池产生电力与涡轮发动机形成互补，预计能搭载至多 200 名乘客，航程在 3700km 左右。2020 年，美国 ZeroAvia 公司试飞了全球首架氢动力商用飞机，飞行速度达到 185km/h，功率约为 230kW，并计划至 2030 年为 50～100 座支线飞机加装氢燃料系统，提供氢动力。

氢能飞机的核心技术是其推进系统的改进升级，氢涡轮和燃料电池是氢能飞机推进系统最受关注的两个方向。

氢涡轮风扇发动机结构如图 2.36 所示，与现役航空涡轮发动机基本相同，氢燃料在燃烧室内燃烧，推动涡轮并带动风扇产生推力。

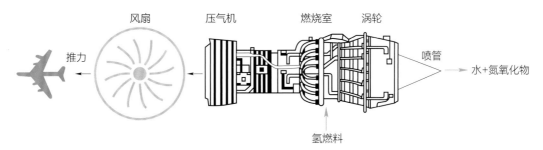

图 2.36　氢能飞机涡轮推进系统示意图

氢燃料电池推进系统是一种能够实现零污染物排放的动力装置，其结构如图 2.37 所示。氢燃料电池内部的氢与氧电化学反应环境纯净，极少产生水蒸气凝结核，能够大大削弱尾迹云的形成，使飞行过程对气候的影响降低 75%～90%。

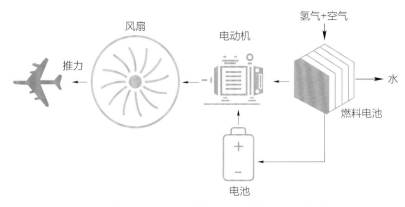

图 2.37　氢能飞机燃料电池推进系统示意图

另外，氢能飞机的实际应用还需机载氢燃料存储技术进步与机场氢能基础设施的完善。

机载氢燃料存储以液态储氢为主。对于中、短程客机而言，需要对现有机体结构进行调整或重新设计，考虑飞行阻力与飞行成本等问题；对于大型、长距离客机，需要引入翼身融合设计、箱式机翼结构等全新革命性的机体设计思路，提高飞机内部空间结构利用率。

机场氢能基础设施主要包含液氢燃料的运输、储存和液氢加注等设备。与化石燃料相比，液氢加注过程复杂、耗时长且安全风险较高，提高了飞机在机场的加注时间与运营成本，应针对液氢燃料开发高效的加注技术和加注系统。

4. 氢能轮船

船舶航行主要依靠船用柴油机提供动力，存在能量转换效率低、柴油机振动噪声大、燃烧排放严重等问题。PEMFC、SOFC 等燃料电池技术具有高转换效率、振动噪声小、清洁无污染的优点，是未来氢能轮船的重要发展方向。

　　船舶的电力推进方式中，独立电力推进装置是最常用的推进方式，螺旋桨由推进电动机带动。船舶在海洋中往往是变工况航行，燃料电池在输出变化的控制要求下反应速度慢，无法满足电动机的瞬态能量需求。为提高供电系统的稳定性和灵活性，燃料电池系统一般需要与蓄电池系统进行配合，基本结构如图 2.38 所示。当燃料电池发电系统的输出功率满足船舶运行工况功率需求时，可单独给电动机供电并向蓄电池充电储备多余电力；当燃料电池发电量无法满足运行工况需求时，可与蓄电池组联合对推进电机供电[1]。

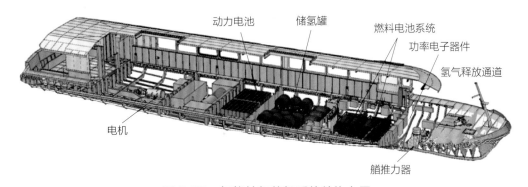

图 2.38　氢能轮船整船系统结构布置

　　燃料电池在商船和客船上的应用日益得到重视，在 LNG 船、游艇与小型客船、科学考察船方面具有较好的应用前景[2]。2008 年，德国 Zemships 项目推出的 48kW PEMFC 客船 Alsterwasser 正式营运，是世界上第一艘投入运营的燃料电池电力推进客船[3]。2017 年由法国研制的 Energy Observer 正式下水并开始环球航行，该船舶燃料电池使用的氢燃料由太阳能和风能电解水装置生产，并通过储存罐体存储，是世界上第一艘可以自产制氢的船舶。2015 年，日本户田建设与雅马哈发动机联手开发氢燃料电池船舶，并在渔船上实现了实船试航，最高速度可达 37km/h，每次加氢可续航 70km 左右。

❶ 康嘉伦, 等. 上海节能. 中国工程科学, 2021（04）: 414-421。
❷ S. U. JEONG, Power Sources, 2005, 144（1）: 129-134。
❸ 郭昊. 欧洲和韩国正式发布氢能路线图. 能源研究与利用, 2019, 186（02）: 28。

2.3.1.4　冶金行业

工业上提炼金属的冶金工艺一般可以分为火法冶金（干法冶金）、湿法冶金、电冶金等，其中火法冶金应用最为广泛，使用的还原剂主要有焦炭、天然气、氢气、活泼金属等。氢作为还原剂，在原理上可以冶炼一些生成热较小的金属氧化物，如氧化铜、氧化铁等，而无法还原氧化铝、氧化镁等生成热较大的金属氧化物。当前，工业上一般用氢气冶炼钼、钨等金属，用量较小。随着冶金行业低碳转型发展的需要，近年来氢气炼铁技术备受关注。同时，钢铁是各行各业的支柱性原材料，需求量巨大，未来氢炼钢技术将有极大的应用潜力。

钢的生产有高炉炼铁+转炉炼钢和电炉炼钢两个不同的工艺流程，如图 2.39 所示。前者以铁矿石为原料，主要使用焦炭和煤作为还原剂和燃料，生产过程会产生大量碳排放；后者的原料主要是废钢和直接还原铁（DRI），通过电炉进行熔炼。

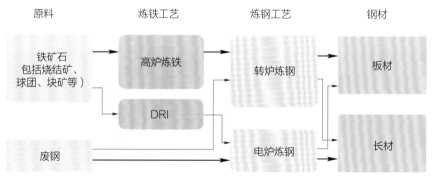

图 2.39　炼钢流程示意图

氢可以在生产直接还原铁的环节代替当前普遍应用的煤、天然气等化石资源，作为还原剂使用，能够显著降低钢铁冶炼过程中的碳排放。用氢还原铁氧化物的反应主要有

$$3Fe_2O_3 + H_2 = 2Fe_3O_4 + H_2O$$

$$Fe_3O_4 + H_2 = 3FeO + H_2O$$

$$FeO + H_2 = FeO + H_2O$$

$$Fe_3O_4 + 4H_2 = 3Fe + 4H_2O$$

与焦炭高炉炼铁相比，氢气炼铁的优势主要有：流程短，能耗低，省去了焦化、烧结等高耗能、高污染工艺过程；碳排放少，理论上可做到零碳排放；氮氧化物、硫氧化物、可吸入颗粒物等污染物排放少。与常见的还原剂相比，氢还原反应速率和扩散速度更快，在炉内的运动方向、转移路径变化迅速，不能很好地停留进行反应，入炉总氢气中只有 30%～50%的氢气能参加还原反应，提高氢气利用率是氢炼铁需要克服的难题。此外，对于氢炼铁所需要的竖炉或流态化炉，也需要积累操作与管理经验。

2019 年，全球直接还原铁产量达 1.08 亿 t，约 60%采用 MIDREX 工艺生产。氢炼铁包括富氢炼铁和纯氢炼铁两种技术路线，富氢炼铁项目有日本的COURSE50、德国杜伊斯堡蒂森克虏伯（Thyssenkrupp）钢厂的富氢高炉项目，纯氢炼铁项目有德国 Salzgit 钢铁公司的 SALCOS 项目、奥地利 Veostalpine 公司的 H2FUTURE 项目、瑞典吕勒奥 SSAB 公司的 HYBRIT 项目等，中国的河钢集团、中国钢铁研究总院等在富氢和纯氢炼铁方面也开展了一系列研究。纯氢炼铁流程如图 2.40 所示。

2.3.1.5　其他行业

除了上述主要应用外，氢在其他领域的应用还包括航天、电子以及医药合成、食品加工等。

1. 航天

氢能量密度极高，单位质量的热值达汽油的三倍，这对于减轻火箭、航天

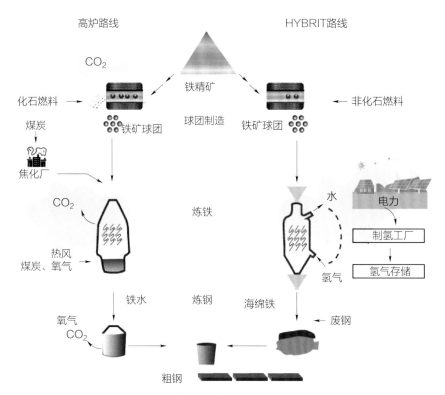

图 2.40　纯氢炼铁与传统高炉炼铁流程对比示意图

飞机的自重极为有利。1960 年，液氢首次用作航天动力燃料。目前航天飞机多用氢作为发动机的推进剂，并以液氢的形式储存在外部的推进剂桶内，每次发射约需耗液氢 1450m³（100t 左右）。中国的长征三号系列运载火箭的第三子级即采用液氢为推进剂，液氧为氧化剂，氢发动机可多次起动。推进系统由 YF-75 氢氧发动机、输送系统、增压系统、推进剂利用系统、推进剂管理系统等组成。

2. 电子工业

半导体工业中，氢主要用于高纯硅的制备，包括晶体的生长与衬底的制备、氧化工艺、外延工艺以及化学气相沉积（CVD）工艺等。半导体工业对氢的纯度要求很高，微量杂质就可能改变半导体特性，需严格控制氢气中氧气、水、二氧化碳等杂质含量。如在外延工艺中，四氯化硅或三氯氢硅在加热的硅衬底表面与氢发生反应，还原产生硅沉积到硅衬底上，生成外延层，相关化学反应为

$$SiCl_4 + 2H_2 = Si + 4HCl$$

$$SiHCl_3 + H_2 = Si + 3HCl$$

此外，非晶硅薄膜太阳能电池的沉积工序、石英玻璃光导纤维的制棒工艺等均需使用高纯氢。

2.3.2　技术对比

2.3.2.1　绿氢制氨与传统合成氨

绿氢制氨未来极具发展前景。2019 年，全球合成氨年产量在 1.6 亿 t 左右，每年合成氨用氢达 3000 万 t，预计未来 5 年年均增长率在 1.8%[1]。由于当前的合成氨工艺采用天然气、煤等化石能源制备氢气，会消耗大量化石能源并造成较高的碳排放，未来合成氨产业也面临低碳转型问题。目前，煤制氨产生的碳排放约为氨产量的 4.2 倍，天然气制氨产生的碳排放约为氨产量的 2 倍，以可再生能源发电和电解水制氢代替煤、天然气制氢合成氨，即所谓绿氨，是实现合成氨产业脱碳的最为现实可行的途径，日本、德国等地已建成相关示范项目。

随着可再生能源发电成本快速下降，绿氨已经逐渐具备经济性。当前中国光伏项目最低的中标电价已低于 0.25 元/kWh[2]，按照该电价水平，绿氨的成本在 3.8～4 元/kg，已接近氨的市场价格（近 3 元/kg）。如果考虑碳排放成本（以 50 元/t 计），化石能源制氨的价格将提高 0.1～0.2 元/kg，绿氨的成本将与化石能源制氨进一步接近。到 2060 年，绿氨成本有望下降至 2.4 元/kg，经济性有望超过传统的天然气制氨、煤制氨，如果考虑碳排放成本则经济性更好，成为

---

[1] 数据来源：IHS Markit。

[2] 2020 年，青海省海南州 2020-15#地块项目的中标电价为 0.2427 元/kWh。

最具竞争力的合成氨方式并得到大范围推广，绿氨将像现在的煤头氨、气头氨一样普及。

基于绿氨的储氢技术有望解决氢大规模存储的难题。氢的分子体积小、沸点低，大规模存储占用空间大且容易逃逸。将氢与氮化合生成氨，以液态的氨作为氢能的载体进行储运或利用，相比直接储氢可有效降低存储难度和成本。另外，基于绿氨储氢也存在一些缺点，包括氨本身具有腐蚀性和毒性，氢-氨-氢过程的总能效较低等，未来还有待进一步提高。

专栏2.4　　　　绿 氨 能 源

21世纪以来，氨燃料的研发应用越来越受到各国的重视。氨能源具有如下几大优势：一是体积能量密度较高，氨热值与甲醇接近，单位体积液氨的能量密度是同体积液氢的 1.5 倍；二是零碳排放，氨与氢一样是零碳能源，理想情况下氨燃烧产生氮气和水，没有额外的碳排放；三是储运补给方便。

目前，关于氨在能源领域的应用已有诸多研究，包括直接用作燃料电池、发动机的燃料，以及作为燃气轮机的燃料应用于固定式发电，但实际应用中还存在很多缺点，制约了其大规模推广应用。

燃烧特性较差问题。氨的活性较差，点火难，燃烧速度慢，实际用作燃料时需要添加助燃剂，如乙炔、二甲醚等，或掺杂在汽油、煤、天然气里混合燃烧。液氨与其他几种液体燃料的能量密度和燃烧特性比较如专栏2.4表所示。

尾气污染问题。氨燃机、氨燃料电池工作时不可避免地会产生污染性的氮氧化物气体，尤其对于纯氨燃料或氨占比较高的混合燃料，这要求增加额外的尾气处理系统。

专栏 2.4 表　不同液体燃料燃烧特性比较

项目	高位热值（MJ/kg）	高位热值（MJ/L）	层流燃烧速度（m/s）	着火温度（℃）	最小点火能量（MJ）
液氢	142	10.1	3.51	571	0.011
液氨	22.5	15.3	0.07	651	8
甲醇	22.7	18.0	0.36	470	0.14
汽油	46	34.0	0.58	220	0.28

腐蚀问题。氨对铜、铝等金属具有腐蚀性，对发动机的耐腐蚀性能提出了较高要求。此外，氨会破坏燃料电池的质子交换膜，而应用于高温固体氧化物燃料电池时氮氧化物污染问题较为严重，因此直接供氨的燃料电池几乎只能采用碱性燃料电池技术，或采用间接供氨式燃料电池（即先将氨分解为氢气和氮气，以氢气作为燃料电池的燃料），总体能源利用效率有限。

毒性问题。氨具有毒性，属于危险化学品，液氨的储运、应用必须确保不发生安全风险。

除作为化肥和其他化工品的原料外，绿氨在能源领域也有一定的应用潜力。氨是富氢化合物，可以作为燃料通过燃料电池或掺氨燃气轮机进行发电使用。在氨燃料电池（DAFC）中，氨与氧气发生氧化还原反应生成水和氮气，同时释放电能和热量，由于氨分子结构较为稳定，参与反应需要更多的活化能，氨燃料电池的效率低于氢燃料电池。掺氨燃气轮机基于现有的天然气发电技术，可以减少二氧化碳排放，但氨在燃气轮机中直接燃烧会导致氮氧化物（NO_x）排放增加（约为天然气的 100 倍），未来需要研发高选择性催化还原技术和创新燃烧室设计解决这一问题。

2.3.2.2 绿氢化工与传统化工

绿氢化工和与氢相关的传统化工最主要的区别是利用可再生能源制备的绿氢，代替原有化工生产环节中来自化石能源的灰氢。相比于传统化工，绿氢化工一方面降低了制氢环节对化石能源的需求，减少了为制氢而产生的二氧化碳排放；另一方面，还可以与 CCUS 技术相结合，利用氢与其他领域排放的二氧化碳反应合成甲烷、甲醇等高附加值有机物，产生固碳和负碳作用。绿氢化工所涉及的制氢、用氢技术已经较为成熟，但目前绿氢制备成本还较高，因此，其应用规模和推广程度主要取决于绿氢对灰氢的比较经济性。随着清洁能源发电成本和电制氢设备成本的快速下降，以及碳中和背景下对碳排放的限制，未来绿氢化工相比于传统化工的经济性优势将越来越显著。

1. 合成甲醇

2019 年，全球甲醇年产量 8200 万 t，年用氢量 1200 万 t 左右。根据 IEA 预测，未来十年内，全球甲醇生产用氢量预计年均增长 3.6%，到 2030 年将达到 1900 万 t❶。目前，煤制甲醇产生的碳排放约为甲醇产量的 3.5 倍，天然气制甲醇产生的碳排放约为甲醇产量的 1.8 倍。与合成氨类似，甲醇生产也可利用可再生能源发电电解水制得的绿氢，然后结合 CCUS 技术，通过二氧化碳加氢反应生成甲醇，即电制甲醇。

目前，二氧化碳加氢制甲醇工艺尚存在单程转化率低、催化剂易失活、能量转化效率不高等缺陷。以当前绿氢平均价格计算，生产的甲醇成本在 6~8 元/kg，远高于煤、天然气制甲醇的成本（1.6~2.3 元/kg，考虑碳排放成本 2~2.5 元/kg）。随着技术进步，电制甲醇设备成本有较大下降空间。在绿氢成本下降、电制甲醇技术进步的联合作用下，在合成甲醇方面绿氢有望在更大范围内实现应用。

---

❶ 数据来源：IEA，The Future of Hydrogen，2019。

预计到 2030 年，电制甲醇成本将接近天然气制甲醇的成本，如果考虑碳排放成本（按 50 元/t 计），二者成本大体相当，电制甲醇开始在能源领域应用；到 2060 年，电制甲醇将形成对传统化石能源制备的比较竞争优势，成为重要的合成液体燃料，同时诸多下游产业得到充分开发，以清洁能源为驱动力、水和二氧化碳为"食粮"的电制原材料产业走向千家万户。

专栏2.5　　　　　　　　　甲 醇 燃 料 技 术

除了作为原材料外，甲醇也是一种重要的液体燃料。甲醇燃料主要有以下特点：

（1）碳排放较低。甲醇是常温下含氢量最高的液体燃料，相同热值下碳排放比汽油、柴油低 10%～20%。若采用电制甲醇或生物质制甲醇，理论上可实现零碳排放。

（2）与汽油、柴油发动机相比，采用甲醇燃料可大幅降低 NO_x 和碳烟的排放。

（3）甲醇易于存储，甲醇加注站建设成本较低（当前仅为同等规模加氢站的 1/8）。

甲醇在作为燃料方面的应用研究始于 20 世纪 70 年代，中国和西方国家在甲醇作为汽车发动机燃料方面开展了很多工作，包括掺烧甲醇和纯甲醇两条技术路线。在汽油、柴油中以较低比例掺烧甲醇（如 15%～30%），可以不对汽油、柴油发动机系统做大的改动；纯甲醇燃料则需要采用专门的甲醇燃料发动机系统。实际应用中，甲醇燃料，尤其是纯甲醇燃料同样暴露出了一系列问题：

（1）单位体积甲醇的能量密度仅为汽油、柴油的一半，相同续航里程下要求汽车配备更大的油箱。

（2）甲醇的汽化潜热较大，导致冷启动困难。

（3）甲醇会加速橡胶零件的溶胀和老化，且对金属零件腐蚀性强。

（4）甲醇自润滑特性比汽油、柴油差，且会破坏发动机机油的润滑性。

（5）纯甲醇发动机喷嘴易堵塞。

针对上述问题，各国科研院校和相关企业开展了大量研究，已取得一定突破。解决方案包括：采用汽油、柴油进行启动，或启动时对进气加热以解决冷启动问题；采用耐醇类橡胶和零部件；通过胺性润滑剂、碱性缓蚀剂等添加剂改善腐蚀、润滑问题；开发专用喷嘴，对油路系统进行过滤改善喷嘴堵塞问题等。

中国对甲醇燃料的研究始于 20 世纪 80 年代，目前吉利汽车、宇通汽车等汽车和发动机制造企业都在甲醇汽车领域取得了重要进展，吉利汽车公司已实现纯甲醇燃料汽车的批量生产。根据有关数据测算，当前纯甲醇燃料汽车使用成本（包括能源成本和保养成本）已优于传统汽油车，如专栏 2.5 图所示。未来，电制甲醇、生物质制甲醇的应用将使得甲醇车辆更低碳环保，在能源转型过程中发挥独特的作用。

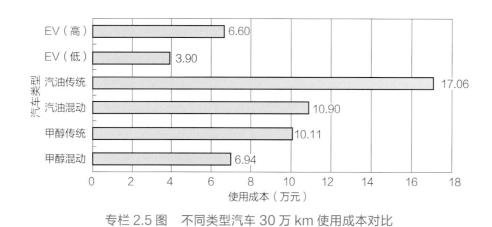

专栏 2.5 图　不同类型汽车 30 万 km 使用成本对比

2. 合成乙烯

乙烯是最重要的基本有机化工原料之一，2019 年全球乙烯产量达 1.7 亿 t，约 80% 的乙烯采用石脑油/柴油裂解制烯烃工艺生产。利用绿氢制甲醇，再用甲醇制烯烃，是实现乙烯绿色生产的全新技术路线。

绿氢制乙烯的成本对电价十分敏感，用电费用占总成本的 60%～70%。在当前的技术水平和电价水平下，绿氢制乙烯的成本约 15 元/kg，远高于石脑油裂解制乙烯的成本（6 元/kg）。预计到 2060 年，清洁能源发电成本大幅降低，电解水、甲醇化系统、甲醇制烯烃等技术趋于成熟，绿氢制乙烯的成本有望低于石脑油裂解制乙烯，在原材料需求终端得到推广应用。

2.3.2.3　燃料电池与氢燃气轮机

燃料电池和燃气轮机都是实现氢发电的技术手段。燃料电池发电具有设备体积小、功率密度高、模块化性能强、场景适应性好、无污染、噪声小、配置灵活等优点，可以作为主力电源的补充，也可以作为海岛、山区、边远地区的主供电源，预计在分布式应用场景下有望得以推广。

氢燃气轮机发电具有单机容量大、能够为系统提供转动惯量、可由天然气燃气轮机升级改造等优点，适于做负荷中心的支撑电源和调峰电源，保障未来高比例清洁能源电力系统的安全稳定运行。燃料电池与氢燃气轮机发电相关技术经济参数对比如表 2.16 所示。

表 2.16　燃料电池与氢燃气轮机发电技术经济对比

经济参数	设备投资成本	单机容量	发电效率	功率密度
燃料电池	1500～3000 元/kW（碱性电堆）	一般不超过 10MW	40%～60%	2～5kW/L
氢燃气轮机	尚未规模化商业应用	10～600MW	35%～43%	约 0.1kW/L

经济性方面，目前基于碱性电堆的燃料电池发电设备成本为 3000 元/kW，未来燃料电池发电系统将由碱性电堆向效率更高的高温氧化物电堆升级，随着应用规模的增大，到 2050 年燃料电池发电设备成本有望降至 800～1000 元/kW，考虑辅机及其他设施在内的系统成本 1500～2000 元/kW。纯氢燃气轮机目前尚未大规模商业应用，参照天然气发电，预计未来氢燃气轮机技术成熟后，成本将与天然气燃机相当，到 2050 年氢燃气轮机成本有望达 2000 元/kW 左右，发电系统成本在 3000 元/kW 左右。

单机容量方面，燃气轮机单机容量可从 10MW 到数百兆瓦不等。燃料电池单体规模小，规模化应用需要大量模块串并联，系统控制和可靠性要求高，因此氢燃料电池电站的规模较小，一般小于 10MW，在分布式发电方面更具优势。

发电效率方面，燃气轮机技术发展成熟，目前重型燃机发电效率为 35%～42%，未来发电效率难以获得大的突破。燃料电池不受热机卡诺循环极限的限制，理论上具有更高的能量转化效率，目前商业示范项目的发电效率一般在 40%～60%。未来随着理论研究的发展和燃料电池制备技术的革新，发电效率有望进一步提高。

功率密度方面，燃气轮机一般体积较大，单位体积的功率密度较低；随着车用燃料电池技术的发展，当前的燃料电池功率密度较高，为燃气轮机的数十倍。对于固定式发电而言，功率密度的影响不大；而在车用动力或一些分布式应用场景，高功率密度的燃料电池技术具有一定优势。

2.3.2.4 氢燃料电池汽车与电动汽车

构建零排放的交通系统，可以采用氢燃料电池汽车和电动汽车对传统燃油车进行替代，已成为陆上交通的重要发展趋势。

氢燃料电池汽车和纯电动汽车的主要区别是动力系统中电的来源。如图 2.41 所示，纯电动汽车的全部能量来自其电池组，电池组在充电桩进行外部充电；氢燃料电池汽车的电来自氢气储罐和燃料电池电堆发电，氢气储罐在加氢站加充氢气。电动汽车的动力来源是锂电池，当前技术已较为成熟，在小型乘用车领域已得到广泛应用；氢燃料电池汽车的动力来源是氢燃料，本质上是从外部获得的实物能量载体，类似于汽油，具有能量密度高、长续航、补能速度快、运输综合效率高的优势，理论上在长途汽车和载重汽车等领域具有一定优势。下面从能量转化效率、经济性、碳排放、安全性等方面对氢燃料电池汽车、纯电动汽车以及传统的燃油车进行对比。

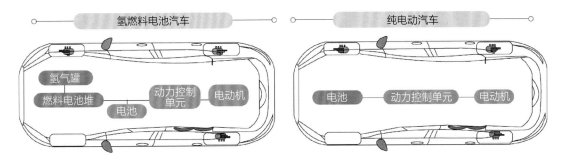

图 2.41　氢燃料电池汽车与纯电动汽车动力系统结构比较

能量转化效率方面，氢燃料电池汽车需经历电能–氢能–电能–机械能的能量转化过程，环节较多，总能效偏低；而电动汽车只存在电能–机械能的能量转化过程，总能效最高。氢燃料电池汽车、纯电动汽车、汽油车的能效对比如表 2.17 所示。

表 2.17　氢燃料电池汽车、纯电动汽车、汽油车能效对比

类型	氢燃料电池汽车	纯电动汽车	汽油车
各环节能效	电制氢 70%	—	—
	氢输配 90%	电输配 92%	—
	燃料电池 50%	锂离子电池 95%	汽油加工 91%
	电动机 90%	电动机 90%	内燃机 35%
总能效	28%	79%	32%

注　不考虑原油开采等过程的能效，电动汽车和电制氢所用电均为可再生能源发电。

经济性方面，当前氢燃料电池汽车整车成本相对纯电动汽车和传统的燃油车较高，这主要与当前氢燃料电池系统造价较高有关。运行成本方面，根据当前加氢站氢气价格、电动汽车充电价格和加油站油价，纯电动汽车的百千米燃料成本最低，氢燃料电池汽车百千米燃料成本高于汽油车和柴油车。随着绿氢成本的下降和氢储运技术的发展，氢燃料电池汽车的燃料成本有较大下降空间，但在小型乘用车领域难以对纯电动汽车形成竞争优势。氢燃料电池汽车与纯电动汽车、传统燃油车的经济性对比如表 2.18 和表 2.19 所示。

表 2.18　小型乘用氢燃料车、纯电动汽车和汽油车经济性对比

类型	氢燃料汽车	纯电动汽车	汽油车
购车成本（万元）	50	30	20
百千米能耗	1kg 氢气	16kWh 电	7L 汽油
燃料单价	60 元/kg	1 元/kWh	6 元/L
百千米燃料成本（元）	60	16	42

表 2.19　公交氢燃料车、纯电动汽车和柴油车经济性对比

类型	氢燃料汽车	纯电动汽车	柴油车
购车成本（万元）	220	170	45
百千米能耗	7.4kg 氢气	120kWh 电	42L 柴油
燃料单价	60 元/kg	1 元/kWh	6.1 元/L
百千米燃料成本（元）	444	120	256

碳排放方面，以绿氢为燃料的氢燃料电池汽车和使用零碳电力的纯电动汽车都可以实现运行过程的零碳排放。而使用煤电的纯电动汽车碳排放接近汽油车，使用煤制氢气的氢燃料电池汽车碳排放甚至超过汽油车，因此发展零碳电力和绿氢对于实现交通领域碳中和至关重要。氢燃料电池汽车、纯电动汽车和汽油车百千米碳排放对比如表 2.20 所示。

表 2.20　氢燃料电池车、纯电动汽车和汽油车百千米碳排放对比

类型	氢燃料电池汽车		纯电动汽车		汽油车
	绿氢	煤制氢	零碳电力	煤电	—
碳排放（kg/百千米）	0	20	0	13	16

安全性方面，丰田等汽车公司已对氢燃料电池汽车的安全性开展了验证，完成了氢气扩散模拟试验、氢气着火时的燃烧动态试验、管路微小泄漏点火试验、氢气泄漏后滞留在汽车某部位点火试验、假设氢气充满在车厢点火试验、安全阀放出的氢气着火试验等一系列安全性试验。结果表明，在规范的安全措施下，氢燃料电池汽车的安全性可达到燃油车水平。但是，氢燃料电池汽车在密闭空间的安全性问题尚无可靠的验证，为避免封闭空间中氢累积引发爆炸的风险，氢燃料电池汽车一般不允许停放于地下停车场等封闭场所。

2.3.2.5　氢炼钢与传统炼钢

全球钢铁行业碳排放占总碳排放的 7%，其中高炉炼铁的还原过程产生了约 90% 的碳排放量。阿塞洛集团（Arcelor）、中国宝武钢铁集团有限公司、SSAB、蒂森克虏伯等钢铁企业均制定了到 2050 年的净零碳排放目标。除 CCUS 技术外，氢气制直接还原铁+电炉炼钢的组合被认为是钢铁行业实现脱碳最为可行的技术方案。当前电炉钢约占世界总钢产量的 30% 左右，通过推广绿氢炼铁+电炉炼钢，可以提高钢铁行业的电气化率，显著降低碳排放。据测算，传统的高炉-转炉工艺吨钢二氧化碳排放量可达 2t 左右；采用绿氢炼铁+电炉炼钢，在使用清洁电力的条件下，可以做到炼钢过程零碳排放。不同钢铁冶炼路径碳排放情况及对比如图 2.42 所示。

从示范工程情况看，氢炼钢的吨钢耗氢约 70kg/t（氢/钢），按绿氢成本 20 元/kg 测算，耗氢成本 1400 元，是传统高炉炼钢耗煤费用的 3 倍，尚不具备市场竞争力。随着电制氢及氢能炼钢能效提升与设备成本下降，当绿氢成本降至 5~8 元/kg，氢炼钢的能源成本降至 500 元/t，与传统高炉炼钢相当，考虑碳

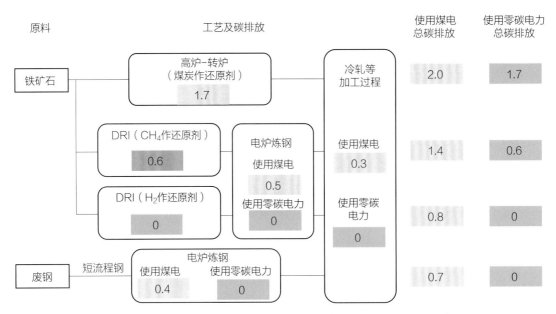

图 2.42　不同钢铁冶炼路径碳排放对比（单位：t/t，CO_2/钢）

与污染物排放成本，氢炼钢的综合经济性优势更加明显。预计到 2060 年，氢炼钢将部分取代传统高炉炼钢，实现钢铁行业减碳。

2.3.2.6　氢制热与电制热

热能的供应目前仍主要依赖化石能源，在工业高品质热领域 95% 的热能都由煤、石油或天然气提供。化石能源制热价格低廉，但碳排放高。采用绿氢制热或零碳电力制热都是可行的替代方案。

氢制热和电制热都可实现零碳制热，而由于绿氢事实上是一种"三次能源"，与电-热转换相比电-氢-热转换在能量转化效率上不占优势。在建筑用热等**低温制热场景**下，氢制热在效率上劣势明显，且考虑民用安全性等因素，纯氢制热不适合建筑用能领域。在天然气管道基础较好的地区充分利用现有的设施与天然气掺烧（10%～15%）可作为一种减碳的过渡性措施。在**工业高品质热**领域（如水泥、陶瓷、玻璃生产），氢制热技术与电制热技术在效率和用能成本上较为接近。在水泥窑等大型工艺设备难以直接电气化的情况下，氢锅炉、氢窑炉是可选择的脱碳技术手段。

制热效率方面，燃煤锅炉的热效率一般为 70%～85%。工业用燃氢锅炉热效率一般可达 90%，考虑电-氢-热全过程，则能效将在 60%～80%左右。电制热有两类技术路线，一是电能在电路、电热器具中转化为热能，二是电能驱动热泵传导热能。热泵等第二类电制热技术以逆循环方式使热量从低位热源流向高位热源，仅消耗少量的逆循环净功即可得到较大的供热量，因此能效比极高（可达 200%～400%），但仅适用于建筑用热和工业上较低温度的制热。电阻加热、电弧加热、感应加热、微波加热等第一类电制热技术适用温度范围宽，可提供 1500℃以上的高温，效率在 50%～90%不等。

能源成本和**碳排放**方面，化石能源制热价格低廉。随着风、光等可再生能源发电成本的下降，电制热和绿氢制热的经济性将不断提升。由于热泵技术极高的效率，电热泵技术在建筑用热等领域将具有很强的经济竞争力。在工业高品质热领域，氢制热与电制热用能成本相当，在一定的碳价下有望成为最具经济性的制热技术方案。

氢制热、电制热、煤制热在效率、能源成本、碳排放方面的对比如图 2.43 所示。

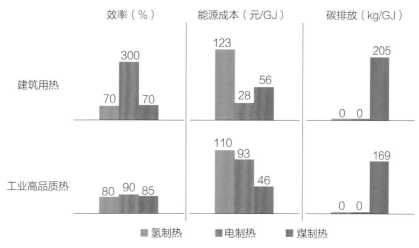

图 2.43 氢、电、煤制热的对比结果

注：煤制热按 900 元/t、5500kcal/t（1kcal=4.1845kJ）的混煤计算；建筑用热的电制热考虑热泵技术，工业高品质热的电制热考虑电锅炉技术；制氢、制热用电均为零碳电力，成本均按 0.3 元/kWh 计算。

2.3.3 研发方向

2.3.3.1 燃料电池技术

燃料电池是高效清洁利用氢能的重要方式。不同类型的燃料电池工作机制、原理和应用场景有所不同,但总体而言都向高功率密度、长寿命、低成本、高可靠性等方向发展,在电催化剂、质子交换膜、膜电极等关键材料的设计和制造方面还有很大提升空间。

主要攻关方向包括:膜材料方面,提高质子交换膜的质子传导率,提高机械强度和热稳定性,改进制备工艺以降低制造成本;电催化剂方面,提高催化剂的催化性能和使用寿命,同时降低贵金属用量或研发廉价高效的非贵金属催化剂,优化气体扩散电极结构设计等;燃料电池系统方面,优化辅机设备,加强燃料电池系统的热管理和物质流管理,研究燃料电池的高密度装配技术。

2.3.3.2 氢燃气轮机技术

为实现氢燃气轮机的发电效率提高、经济成本降低、污染减少,需要理论研究与实际技术升级。

在理论方面,需要开展有关燃烧机理、火焰结构多方面研究。主要攻关方向包括富氢燃料燃烧的湍流火焰速度研究、氢燃气轮机燃烧火焰结构研究、氢燃料喷射器的设计制造、闭式热力循环的通用基础技术研究。

在实际应用方面,需要考虑氢燃料对燃烧系统、压气机与涡轮等多方面的影响。主要包括重型燃机中干式低氮燃烧器的适应改造升级、氢气对涡轮机、压气机的影响研究与相关设备改造。当常规燃气轮机改燃烧氢气时,在维持燃气透平的初温恒定不变的前提下,燃料的质量流速和容积流速会有一定程度的增加，致使压气机发生喘振现象，因此在改造设计时必须考虑燃气透平与压气机工质流量的匹配问题。

2.3.3.3 绿氢化工相关技术

绿氢化工相关技术较为成熟，随着绿氢经济性的提升绿氢化工将得到日益广泛的应用。主要研发方向有：合成氨方面，优化电解水和哈伯法反应器两套系统的集成和配合；合成甲醇方面，开发高效、稳定、高选择性的二氧化碳甲醇化反应催化剂，通过完善甲醇化辅机设备以多次循环利用燃料气提高反应总体转化率，同时增加反应余热回收利用；合成甲烷方面，优化电解水和甲烷化两套系统的集成和配合，加强甲烷化工序的热量管理，增加反应余热回收等。

2.3.3.4 氢能交通相关技术

1. 燃料电池汽车

燃料电池汽车是实现车辆零污染、零碳排放的重要技术方案。中国燃料电池汽车的发展策略是优先发展商用车，通过商用车发展进而规模化降低燃料电池和氢气成本，同时带动加氢站配套设施建设，最后普及到乘用车领域。提高核心技术水平，降低成本和加强基础设施建设将是这一领域的发展重点。

研发方向包括：氢燃料电池相关技术，提高功率密度、延长使用寿命，降低成本，并提升燃料电池系统低温启动性能；车载储氢技术，加强高压气态储氢罐、储氢材料等的研发，提高储氢密度和储氢质量分数；燃料电池汽车整车集成技术等。

2. 加氢站

加氢站建设追求更低的建设成本、更小的建设面积及更高的安全性。当前

107

国内加氢站建设成本高，氢气压缩机、高压储氢装置、加氢机等装备的核心部件依赖进口。为实现加氢站的普及，需要积累氢压缩、氢加注、安全监控等关键技术经验，重视对加氢站的风险评价，最大限度地降低加氢站建设风险。

加氢站相关的关键技术攻关方向包括：研发加氢站关键工艺设备，实现氢压缩机、加氢机、固定储氢设施等核心装备的优化升级和自主生产；储氢关键技术，如 70MPa 高压储氢技术，气氢储罐技术，实现液氢储运关键装备国产化等。

3. 氢能飞机

氢能航空技术的核心是氢燃料推进系统，包括氢涡轮机和氢燃料电池两种技术方案。

未来，以氢涡轮机作为推进系统动力的设计方案中，为适应燃烧气成分改变，需要改造涡轮机的结构与材料。为避免燃烧室内局部高温产生的 NO_x，一是需要对传统航空发动机的燃烧室、燃料喷射与混合装置、热循环和管理系统进行改进或重新设计；二是需要开发针对氢燃料发动机的低 NO_x 排放技术，如贫油直喷和微混合燃烧室等技术。

当前氢燃料电池能量密度仅为涡轮发动机的一半，并且使用寿命短、单体输出功率低。未来需要通过采用电池一体化结构设计、高效水热管理和运行控制等方法，进一步提高燃料电池功率密度并延长寿命。

4. 氢能轮船

以燃料电池作为船舶动力系统的研究应用起步于 20 世纪 90 年代，随储氢技术、燃料电池技术的不断发展，氢能在海洋工程领域展现出巨大应用潜力。但氢能和燃料电池在船舶上具有特殊应用情景，推广应用还需要深入研究。

在燃料电池方面，船舶所需电功率远大于车用系统的单体燃料电池集成构建大功率电池堆，因此需要提高单体电池的一致性、解决大功率电池堆的散热等问题；另外，船舶处于高盐雾腐蚀和潮湿的海上环境，腐蚀、振动、撞击等因素会造成电池堆的损伤、可靠性降低，需研究在船舶应用中燃料电池的适应性问题，提高紧急工况下燃料电池的动态响应速度。

2.3.3.5　纯氢钢铁冶炼技术

目前，建立在气基直接还原铁技术基础上的富氢钢铁冶炼技术相对成熟，已投入商业示范阶段，纯氢钢铁冶炼技术尚处于研发初期。

主要攻关方向包括：加强炉内反应机理和炉料特性变化研究，发展氢气还原铁矿石的反应控制技术，提高氢气利用率；优化氢气竖炉结构设计，扩大竖炉容量；发展多级流态化炉，提高流态化炉中氢气的一次利用率和产品的金属化率，提高流态化炉操作水平；研究耐氢耐高温炉体材料，加强氢气防爆防泄漏等安全管理。

2.3.3.6　氢制热技术

燃氢锅炉的设计重点在于提升安全防爆性能，包括炉体结构设计和安全操作控制系统。氢锅炉安全要求同时满足氢安全和锅炉安全两方面的要求。

主要攻关方向包括：优化锅炉本体结构设计，确保烟气流程内无死角，避免未燃氢气聚集；采用多重联锁报警装置，氢气管道、阀门等实现自动检漏，保证锅炉安全可靠运行；优化锅炉材料，采取涂层等手段避免氢脆。

2.3.4　技术经济性趋势

深度脱碳是加快绿氢应用的根本动力。在能源消费侧，氢将重点应用于化工、冶金、航空等难以直接电气化的领域，实现间接电能替代；在能源生产侧，氢发电是高比例新能源电力系统重要的长周期调节和保障性电源。

绿氢在化工领域主要用于合成氨、甲醇、甲烷等燃料或原材料，替代传统工艺中的灰氢。绿氢技术较为成熟，推广程度主要取决于碳约束政策和绿氢经济性。预计到 2030 年，绿氢制氨率先实现商业化推广，成本降至 2.9 元/kg，与当前化石能源合成氨成本相当；绿氢制甲醇实现示范应用，成本降至 3.5 元/kg，与当前化石能源制甲醇（含碳捕集）成本接近；绿氢合成甲烷成本降至 5 元/m³ 左右，开始在部分终端用户实现示范应用。预计到 2050 年，绿氢制氨成本降至 2.4 元/kg，成为最具经济竞争力的合成氨方式；绿氢制甲醇实现商业化应用，成本降至 2 元/kg 以下，与煤制甲醇的成本相当；绿氢合成甲烷成本降至 2.4 元/m³ 左右，在远离天然气产地的用能终端得到广泛应用。

绿氢在冶金行业可用于炼铁，与电炉炼钢相结合实现炼钢过程零碳排放。预计到 2030 年，氢气竖炉结构进一步完善，氢气利用率得到提升，随着绿氢成本的下降，绿氢炼铁的耗氢成本降至 950 元/t，与高炉炼铁经济性相当，具备商业推广条件；到 2050 年，随着绿氢成本的进一步下降和专用炉体设备管理经验的积累，绿氢炼铁的耗氢成本进一步降至 500 元/t，经济性优势逐渐凸显。

绿氢在交通领域的应用主要包括公共交通、重卡、轮船、飞机等难以实现直接电气化的应用场景。相比电动汽车，氢能汽车在载重、续航等方面具有一定优势，预计将在公共交通、重卡、叉车等领域实现推广。到 2050 年氢燃料电池汽车在公共交通、重卡、叉车等领域的替代率达 30% 左右，在中小型乘用车领域替代率达 5% 左右；对于航海、航空等领域，使用绿氢作为燃料是重要的脱碳方案。

绿氢在发电领域的应用将以燃料电池和氢燃气轮机两条技术路线并举，为系统提供长时间尺度的灵活性。预计到 2035 年，纯氢燃机技术发展成熟，氢燃机发电开始逐步商业应用。到 2050 年，氢燃气轮机成本下降至 2000 元/kW

左右，考虑辅机及其他设施在内的发电系统成本约 3000 元/kW，发电效率 40%～45%，主要作为大型调峰机组以及负荷中心支撑电源；氢燃料电池成本下降至 800～1000 元/kW，氢燃料电池发电系统成本 1500～2000 元/kW，燃料电池电站发电效率提升至 55%～60%，在分布式应用场景得到广泛使用。以绿氢为燃料的氢发电，本质上相当于系统的大规模、长时间储能，实现电力供需的跨季节平衡，是以新能源为主体的新型电力系统必不可少的灵活性来源。

2.4 小结

实现氢的经济、零碳制备，便捷、高效储运和安全、有效利用是绿氢发展的关键。

制氢技术方面，可再生能源电解水制备绿氢将成为主流制氢方式。预计到 2030 年，高效大功率碱性电解技术和低成本质子交换膜电解技术取得突破，电制氢效率上升至 80%左右，制氢系统成本下降至 3000 元/kW，绿氢成本降至 15～20 元/kg，相比蓝氢初步具备经济性，开始商业推广；到 2050 年，高效长寿命高温固体氧化物电解技术取得突破，电制氢效率上升至 90%左右，制氢系统成本下降至 2000 元/kW，绿氢成本降至 7～11 元/kg，成为主流制氢方式。

储氢技术方面，气态储氢、液态储氢技术较为成熟，材料储氢有待突破。大规模固定式储氢预计将采用高压气态储氢的形式，存储压力在 15～50MPa，当前储氢设备建设成本在 1000 元/kg 左右。预计到 2030 年，碳纤维缠绕高压氢瓶制造技术进一步成熟，储氢设备成本将下降至 500～800 元/kg；到 2050、2060 年有望进一步下降至 300、250 元/kg 左右。小规模储氢将采用全复合轻质纤维缠绕储罐，压力 35MPa 或 70MPa。预计到 2030 年，70MPa 全复合轻质纤维缠绕储罐技术成熟，成本下降至 3500 元/kg；到 2050、2060 年进一步下降至 2000、1500 元/kg。

输氢技术方面，不同场景适用不同的氢输送方式。中小规模场景，近距离（＜300km）以气氢罐车为主，单位输氢成本在 3~6 元/kg；中距离（300~100km）以液氢槽车为主，单位输氢成本在 5~10 元/kg。大规模场景，将以输电代输氢和管道输氢相结合。当前输氢管道投资成本为天然气管道 1.5 倍左右（按年运能 120 亿 m³ 考虑，约 2020 万元/km）。预计到 2030 年，纯氢管道制造技术、减压和调压技术成熟，大规模输氢管道建设成本将下降至 1350 万元/km，与当前天然气管道成本相当，输氢管道千千米网损（含气体损失及能耗）控制在 1% 左右，单位输氢成本在 2.7 元/kg 左右；到 2050 年，纤维增强聚合物复合材料等新型输氢管道实现商业应用，输氢管道千千米网损控制在 0.3%~0.5%，单位输氢成本在 2 元/kg 左右；到 2060 年，随着输氢管道技术进一步成熟，输氢管道千千米网损有望进一步下降至 0.1%~0.2%，达到当前天然气管道水平，单位输氢成本达到 2 元/kg 以下。

用氢技术方面，当前氢多用于化工领域，且以灰氢为主，未来需要重点开发工业、交通、发电等领域的绿氢应用潜力。建筑领域受制于安全性、效率、成本等原因，未来应用潜力较小。预计到 2030 年，燃料电池技术基本成熟，绿氢重卡、公交车和分布式氢发电逐步推广应用；绿氢炼铁技术逐渐完善，具备商业推广条件；随着绿氢成本的下降，绿氢制氨具备经济性优势，绿氢制甲醇、甲烷具备示范条件。预计在 2035 年左右，纯氢燃气轮机技术成熟，氢燃机发电开始逐步商业应用。2050 年，绿氢制甲醇、甲烷等电制燃料和原材料技术成熟，具备经济优势。

3 绿氢需求预测与开发潜力

　　绿氢需求决定了绿氢产业的规模，绿氢开发潜力和成本则决定了绿氢发展的上限和经济效益。绿氢需求有多少，开发潜力有多大，低成本的绿氢分布在哪里，是碳中和及能源转型背景下氢能发展的必答题。本章从经济社会发展、能源系统转型出发，结合各行业用能需求、原材料需求以及用氢技术发展趋势，对中国未来绿氢需求进行了预测；基于全球能源互联网发展合作组织在清洁能源发电技术、全球清洁资源评估等领域的研究成果，依托"全球清洁能源开发评估平台（GREAN）"对中国绿氢开发潜力和成本分布进行了量化评估。

3.1 需求预测

3.1.1 经济社会发展展望

3.1.1.1 经济发展

1. 发展现状

　　改革开放以来，中国经济保持高速增长，城市化、工业化取得举世瞩目成就，国内生产总值（GDP）年均增长 9.2%，远高于同期世界经济 2.7% 的平均增速。2020年，面对新冠肺炎疫情冲击，经济运行总体平稳，经济结构持续优化，圆满完成全面建成小康社会的第一个百年目标。在新发展理念的引领下，稳步转向高质量发展阶段，开启全面建设社会主义现代化国家新征程，向第二个百年奋斗目标奋力迈进。

　　经济持续快速发展，彰显强大韧性与活力。 2019 年，中国 GDP 为 99.1万亿元，同比增长 6.1%，对世界经济增长贡献率达 30% 左右。2020 年，中国GDP 达到 101.6 万亿元，总量迈上百万亿元新台阶，同比增长 2.3%，在遭受新冠肺炎疫情冲击的情况下，成为全球唯一实现经济正增长的主要经济体，按年平均汇率折算，中国经济总量占世界经济的比重超过 17%。2000—2020 年中国 GDP 及增速情况如图 3.1 所示。

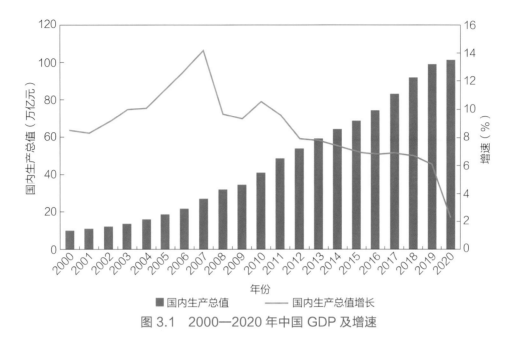

图 3.1　2000—2020 年中国 GDP 及增速

产业结构优化调整，协调性、均衡性不断增强。党的十八大以来，中国农业基础作用不断加强，工业主导地位迅速提升，服务业对经济社会的支撑效应日益突出，三次产业发展速度逐渐趋于均衡。2020 年第一、二、三产业比重分别为 7.7%、37.8% 和 54.5%。2000—2020 年中国三次产业构成增加值变化情况如图 3.2 所示。

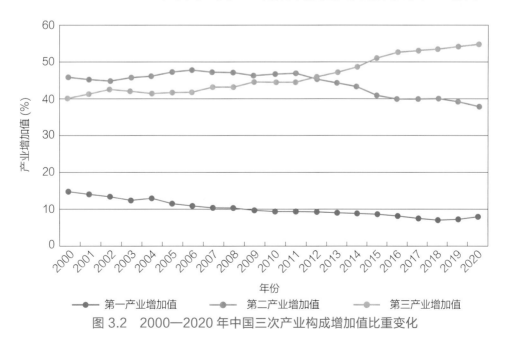

图 3.2　2000—2020 年中国三次产业构成增加值比重变化

工业生产能力日益增强，逐步向中高端迈进。目前，中国是全球唯一拥有联合国产业分类中所列全部工业门类的国家，200 多种工业品产量居世界第一。2020 年，中国工业增加值达到 31.3 万亿元，连续 11 年成为世界第一制造大国。2020 年，高技术制造业、装备制造业增加值占规模以上工业增加值的比重分别达到 15.1%、33.7%，"十三五"期间这两类制造业平均增速达到 10.4%，高于规模以上工业增加值的平均增速 4.9 个百分点，成为带动制造业发展的主要力量。

服务业进入发展快车道。2016—2019 年，中国第三产业对 GDP 贡献率均超过 60% 并逐年升高。尽管受新冠肺炎疫情影响 2020 年第三产业对 GDP 贡献率有所回落，但新产业新业态保持逆势增长，战略性新兴服务业企业营业收入同比增长 8.3%，增速快于全部规模以上服务业 6.4 个百分点。网络零售、在线教育、远程办公等线上服务需求旺盛，信息传输、软件和信息技术服务业增长 16.9%。

开放水平不断提高。改革开放以来，中国对外经贸合作实现了跨域式发展。1978—2019 年，货物进出口总额增长 222 倍，年均增速 14.1%，高出同期全球货物贸易平均增速 7.3 个百分点。实际利用外资不断提升，2019 年占全球比重提升至 9.2%。2020 年，中国主动加强抗疫国际合作，积极参与经济全球化，货物进出口总额和出口总额分别同比增长 1.9% 和 4.0%，双双创历史新高，继续稳居全球货物贸易第一大国；吸引国外直接投资达到 1630 亿美元，首次成为全球第一大吸引外商投资国。

创新型国家建设成果丰硕。改革开放以来中国科技实力和创新能力大幅提升，"十三五"以来更是实现了历史性、全局性变化，全社会研发投入从 2015 年的 1.4 万亿元增长到 2020 年的 2.4 万亿元左右，研发投入强度达到 2.4% 左右，在载人航天、探月工程、深海工程、超级计算、量子信息、特高压输电、"复兴号"高速列车、大飞机制造等领域取得一大批重大科技成果。2020 年，中国在世界知识产权组织发布的"全球创新指数"中排名第 14 位，在多个领域表现出领先优势，是跻身综合排名前 30 位的唯一中等收入经济体。

2. 发展展望

中国进入高质量发展新阶段，经济将保持长期平稳增长。当前中国人均国内生产总值突破 1 万美元，经济运行总体平稳，经济结构持续优化，在新发展理念的引领下，转向高质量发展新阶段。

2020—2030 年，中国将加速实现经济增长的质量变革、效率变革、动力变革。供给侧方面，随着中国要素市场化配置改革深化和科技创新水平的不断提升，经济增长将进一步由要素驱动向创新驱动过渡，全要素生产率提升将成为经济增长的关键贡献因素。**需求侧**方面，以国内大循环为主体、国内国际双循环相互促进的新发展格局加快构建，内需潜力进一步释放，消费将在经济发展中进一步发挥基础性作用，成为经济增长的第一拉动力。固定资产投资总体增速将逐渐放缓，传统基建和钢铁、水泥、有色金属等过剩产能领域的投资空间逐渐饱和，特高压电网、第五代移动通信、工业互联网、大数据中心等新型基础设施将成为重点投资领域。**产业结构**方面，第三产业在国民经济中的比重和对经济增长的贡献率逐渐增加，生产性服务业向专业化和价值链高端延伸，生活性服务业向高品质和多样化升级。第二产业比重稳步下降，保持门类齐全和产业体系完备，内部结构不断优化升级。传统制造业将向高端化、智能化、绿色化转型发展，新一代信息技术、新能源、新材料、高端装备、新能源汽车等高技术制造业和战略性新兴产业将保持快速增长，成为第二产业发展的新引擎。**预计 2020—2030 年，中国 GDP 年均增速为 5.2%，2030 年 GDP 总量达到 169 万亿元，按市场汇率计算有望成为全球第一大经济体，三次产业增加值比为 5.9∶37∶57.1。**

2030—2050 年，中国将建成现代化经济体系。全要素生产率持续提升，**经济将保持稳定可持续增长，经济规模领先全球。**新一代信息技术、新能源等一大批战略性新兴产业和数字经济引领全球。新型基础设施体系全面建成，现代能源、数据中心、智慧交通、工业互联网等智能化数字基础设施形成规模化、网络化布局。关键核心技术自强自立，成为全球领先的创新型国家。**在产业发展上形成先进制造业和现代服务业双轮驱动的发展格局，实现"中国制造"与"中国服务"并举。**服务业在产业结构中占据主导地位，制造业实现高端化、绿色化。第三产业将在中国经济中占据支配性地位，吸纳就业人口比重超过 70%，成为经济增长贡献的主要部门，服务贸易规模持续扩大，知识密集型服务出口占比持续提升，数字服务、信息通信、现代金融、文化创意等高端服务产业规模和竞争力居全球第一梯队。传统制造产业高端化、绿色化、智能化水平持续提升，在新能源、新材料、新能源汽车、高端装备等领域形成一批先进制造业集群，服务型制造规模不断壮大，跻身制造强国行列。**预计 2030—2050 年，中国 GDP 年均增速约 3.5%，到 2035 年实现经济总量和人均收入较 2020 年翻一番目标，完成基本实现社会主义现代化目标。2050 年实际 GDP 达到 338 万亿元，三次产业增加值比 4.2∶32.6∶63.2，建成富强民主文明和谐美丽的社会主义现代化强国，实现全民共同富裕，人均收入位居中等发达国家前列。**

2050—2060 年，中国将继续平稳经济发展，对全球经济发展的引领作用持续增强。数字经济和实体经济进一步深度融合，为工业生产、社会生活和公共管理赋能赋智，进一步提升经济发展效率，创造出大量新业态和新模式，平台经济、共享经济、绿色经济引领全球。建成全球领先的高水平开放型经济体，全面实现大范围、宽领域、深层次的开放发展格局，成为全球发展重要引擎和稳定器。**服务业数字化水平全球领先，制造强国地位持续巩固。**一批具有全球影响力的高端服务业中心城市和"中国服务"品牌将主导和引领全球价值链。在建成制造强国的基础上，全面完成制造业智能化的转型升级。智能制造、产业互联网等数字化的新业态、新模式壮大成熟，在高端制造、数字产业、清洁生产等领域引领国际规则和标准制定。**预计 2050—2060 年中国 GDP 年均增长率约 2.5%，2060 年实际 GDP 达到 435 万亿元，三次产业增加值比 3.6∶30.5∶65.9。**2020—2060 年中国经济增速预测如表 3.1 所示，2020—2060 年中国三次产业结构预测如图 3.3 所示。

表 3.1　2020—2060 年中国经济增速预测

年份	2020—2030	2030—2040	2040—2050	2050—2060
GDP 平均增速（%）	5.2	4.0	3.0	2.5

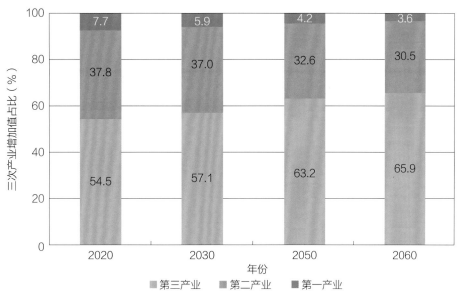

图 3.3　2020—2060 年中国三次产业结构预测

3.1.1.2　社会发展

1. 发展现状

　　人口总量稳步增长，劳动年龄人口已达峰值。 改革开放以来，中国内地总人口由 9.6 亿人增长至 2020 年的 14.1 亿人[1]，15—64 岁的劳动年龄人口总量从 20 世纪 80 年代初的 6.3 亿人增长到 2013 年 10.1 亿人的峰值，人口红利充分释放，劳动力配置结构不断优化，有力支撑了中国经济高速增长。**人口自然增长率放缓，老龄化问题显现。** 自 20 世纪 90 年代以来，中国人口自然增长率持续下降。"十三五"时期，受"二孩政策"调整影响，人口自然增长率短暂升高，但随即回落，2019 年中国人口自然增长率 0.334%。60 周岁及以上人

---

[1]　第七次全国人口普查结果显示，全国人口共 141178 万人，包括 31 个省、自治区、直辖市、中国人民解放军现役军人、香港和澳门特别行政区及台湾地区。

口 2.54 亿人，占总人口的 18.1%，65 周岁及以上人口 1.76 亿人，占总人口的 12.6%，总抚养比为 41.5%，处在老龄化初期阶段。**人力资本红利逐步取代人口红利成为中国经济增长的重要"引擎"**。2019 年，中国适龄劳动人口规模为 9.89 亿人，平均受教育年限达 10.7 年，根据联合国开发计划署发布的《2020 年人类发展报告》，中国平均受教育年限在全球仅排在 115 位，显著低于人类发展指数排名[1]，仍然具备极大的提升空间。随着人口素质不断提升和代际更替，教育水平提升带来的人才红利将成为推动中国经济发展的重要基础。1990—2019 年中国内地总人口及自然增长率情况如图 3.4 所示。

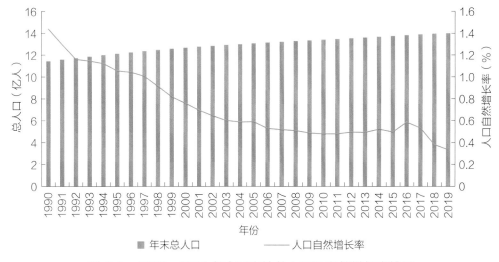

图 3.4　1990—2019 年中国内地总人口及自然增长率情况

　　城镇化进程不断加快，城镇化水平显著提高。改革开放以来，城市人口快速增多。2019 年，中国城镇常住人口 8.5 亿人，较 1978 年末增加 6.8 亿人，常住人口城镇化率达到 60.6%，稍高于 55.3% 的世界平均水平，但明显低于高收入经济体的 81.3% 和中高收入经济体的 65.2%，城镇化率未来仍然具有巨大增长空间。**城市群辐射效应明显，大中小城市协调均衡发展**。2019 年中国 19 个城市群以 25% 的土地面积占比集聚了全国 75% 的人口，创造了 88% 的 GDP。以京津冀、长三角、珠三角城市群为代表的超

---

[1] 人类发展指数是国际上衡量国家或地区社会发展程度、民众生活水平的主要指标，由预期寿命、平均受教育年限和人均收入三个指标综合衡量计算得到，分为极高（0.8 及以上）、高（0.799—0.7）、中（0.699—0.550）、低（0.549 及以下）四个组别。2020 年，中国人类发展指数为 0.761，排名全球第 85 位。

大城市群，以长株潭与中原城市群为代表的中部城市群和以成渝与关中平原城市群为代表的西部城市群，构成了中国经济发展的重要基础和增长动力。中小城市不断整合空间、资源、劳动力等比较优势，因地制宜推动特色产业发展，与大城市形成紧密联系的产业分工体系。城市综合实力持续增强，全球化程度不断提升。在全球化与世界城市（GaWC）研究网络编制的《世界城市名册 2020》❶中，中国有 6 座城市位列 Alpha 等级，13 座城市位列 beta 等级。2000—2019 年中国城镇和乡村常住人口及城镇化率走势如图 3.5 所示。

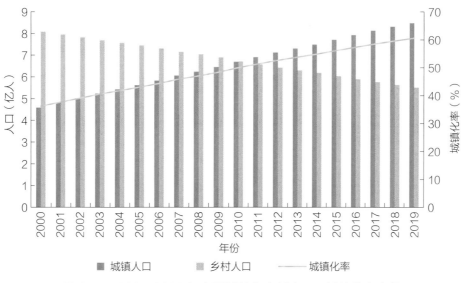

图 3.5　2000—2019 年中国城镇和乡村人口及城镇化率走势

人均收入大幅提升，人民生活实现全面小康。2020 年，中国人均国民总收入连续第二年突破 1 万美元大关，稳居中等偏上收入国家行列，城乡居民人均收入比 2010 年翻一番的目标如期实现。脱贫攻坚战取得全面胜利，现行标准下 9899 万农村贫困人口全部脱贫，832 个贫困县全部摘帽，12.8 万个贫困村全部出列，区域性整体贫困得到解决，完成了消除绝对贫困的艰巨任务。**中等**

---

❶ 全球化与世界城市（GaWC）研究网络是全球最著名的智库和城市评级机构之一，自 2000 年起不定期发布《世界城市名册》，通过量化世界城市在金融（银行、保险）、广告、法律、会计、管理咨询五大行业的全球连通性。GaWC 将城市划分成 Alpha、Beta、Gamma、Sufficiency（+/-）四大类（即全球一二三四线），以衡量城市在全球高端生产服务网络中的地位及其融入度。

收入群体不断扩大，在经济发展中发挥着日益重要的作用。当前中国中等收入群体达到 4 亿人，约占总人口的 30%，相比于欧美等发达国家 60%以上比重的中等收入群体，依然有一定差距❶。中等收入群体扩大将积极促进中国经济增长的内生驱动力从投资拉动转向消费拉动。

基本公共服务体系日趋完善，均等化水平稳步提高。多层次社会保障体系加快构建，养老、医疗、失业、工伤、生育保险参保人数持续增加。截至 2020 年年底，全口径基本医疗保险参保人数 13.6 亿人，参保覆盖率达 95%以上，建成世界上规模最大的社会保障体系。教育现代化取得积极进展，九年义务教育巩固率达 95.2%。医疗卫生服务体系日益完善，居民平均预期寿命达 77.3 岁，比世界平均预期寿命高近 5 岁。能源普遍服务取得跨越式发展，2015 年全面解决无电人口用电问题，电力普及率达到 100%。

2. 发展展望

2020—2030 年，中国人口发展将进入关键转折期，人口总规模增长惯性减弱。根据联合国、中国发展基金会、社科院等多家机构的预测，中国总人口将于 2030 年前后达到峰值，同时劳动力老化程度加重，少儿比重呈下降趋势。根据联合国 2019 年发布的《世界人口展望》（中方案），2025 年总人口约为 14.58 亿人，2030 年约为 14.64 亿人。城镇化率进一步提升，城市群、都市圈将成为促进大中小城市和小城镇协调联动和特色化发展的重要载体。《中华人民共和国国民经济和社会发展第十四个五年规划和 2035 年远景目标纲要（草案）》提出要完善新型城镇化战略，推进以人为核心的新型城镇化。随着未来农业转移人口进一步融入城市，城市群和都市圈将进一步发展壮大，形成疏密有致、分工协作、功能完善的城镇化空间格局。预计 2025 年中国城镇化率达到 65%左右，2030 年提升至 68%左右，城镇人口达到

---

❶ 按照现行统计口径，中等收入群体是指三口之家一年收入处在 10 万～50 万元的人群。

10 亿人。联合国、中国发展基金会、社科院等机构对中国人口发展的预测情况如表 3.2 所示。

表 3.2　各机构对中国人口发展的预测情况　　　　　　　　　　　单位：亿人

机构	联合国（中）	联合国（高）	联合国（低）	中国发展基金会	社科院
峰值年份	2031	2044	2026	2030	2029
峰值人口	14.64	15.17	14.47	14.2～14.4	14.42

　　2030—2050 年，人口教育和健康素质将继续提升。根据联合国 2019 年发布的《世界人口展望》（中方案），中国人口 2050 年将降至约 14 亿人，65 岁及以上老年人口将达 4 亿人左右，占比近 30%。同时，教育水平较当前将显著提升，弥补劳动力减少的影响，预计 2050 年，中国劳动年龄人口平均受教育年限将从 2020 年的 11 年提高至 14 年。平均预期寿命达 83 岁，中等收入群体超过 8.5 亿人。**城乡和区域实现高度协调发展**。城市群将成为人口迁入和流动的重点区域，预计 2050 年较当前将新增城镇人口约 2.5 亿人，城镇化率达到 80%，2000 万人口以上的都市圈将超过 15 个，城市空间结构进一步优化，形成多中心、多层级、多节点的网络型城市群格局。超大特大城市国际竞争力进一步提升，大中城市宜居宜业功能不断完善。农业农村完成现代化升级，全面实现农业强、农村美、农民富，乡村旅游、生态康养等乡村特色产业成为乡村可持续发展的重要支柱。

　　2050—2060 年，人口将保持缓慢下降，城镇化发展和乡村振兴迈上新台阶。预计 2060 年中国人口约 13.3 亿人，城镇化率进一步提高至 83% 左右。城乡区域发展差距和居民生活水平差距进一步缩小，中等收入群体进一步扩大到 9 亿人以上。联合国《世界人口展望 2019》对 2020—2060 年中国内地人口情况预测如图 3.6 所示。

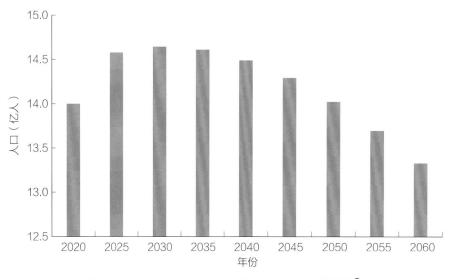

图 3.6　2020—2060 年中国内地人口情况预测❶

3.1.2　能源情景展望

能源活动碳排放对实现全社会碳中和至关重要，主要包括能源生产和能源使用过程中的碳排放。能源活动的脱碳关键是依靠能源供应转向清洁主导、能源使用转向电为中心减少化石能源消费。根据实现碳中和目标的要求，结合不同技术路线选择，报告提出"电能替代"和"电能+氢能"两种不同的能源发展情景。

3.1.2.1　"电能替代"情景

在"电能替代"情景下，**能源消费**向电为中心转变，无法直接用电的终端能源消费领域，采用化石能源+碳捕集封存（CCS）实现脱碳。**能源生产**由化石能源主导向清洁能源主导转变，减少化石能源依赖。

尽早达峰阶段（2030 年前），化石能源消费总量在 2030 年前达峰，清洁能源消费占一次能源消费比重从目前的 15.3%提高到 30%以上。电能消费

---

❶ 联合国《世界人口展望 2019》。

总量逐年上升，2030 年全社会用电量达到 10.7 万亿 kWh，电能占终端能源比重达 33%。

快速减排阶段（2030—2050 年），2050 年化石能源消费总量下降至 16.7 亿 t 标准煤，清洁能源消费规模加速扩大，到 2050 年占一次能源比重达到 70%。2050 年全社会用电量达到 13.3 万亿 kWh，终端能源消费一半以上由电能提供。

全面中和阶段（2050—2060 年），基于中国能源互联网建设，加大水、风、光等清洁能源开发力度，2060 年**化石能源消费**总量下降至 10.4 亿 t 标准煤，**清洁能源消费**规模进一步扩大，占一次能源比重 81%，实现能源生产体系全面转型。全社会用电量达到 14 万亿 kWh，电气化率达到 55%，实现能源消费端的深度电气化转型。

3.1.2.2 "电能+氢能"情景

在"电能替代"情景下，工业、交通、建筑等领域充分实现电气化的情况下，化工、冶金、航空等难以直接用电的领域仍需解决碳排放的问题。如果采用化石能源+碳捕集存储（CCS）的方式，预计到 2060 年，这些领域还需使用共计 10.4 亿 t 标准煤的煤、石油、天然气，相关需要移除的二氧化碳约 15.8 亿 t。化工、冶金等行业部分尾气成分复杂，二氧化碳浓度低，捕集、封存成本高；航空、航海等交通行业难以直接进行碳捕集。

在"电能+氢能"下，采用绿氢代替化石能源满足上述难以实现直接电气化领域的用能，可以大量减少实现碳中和过程中能源活动对碳捕集和封存的需求，实现更有效、更经济地脱碳。因此，化工、冶金、航空等行业是未来绿氢最主要的应用领域，需要对应用规模重点进行研究预测。

3.1.3 预测模型与方法

为研究未来不同行业的氢需求，报告采用自上而下与自下而上相结合的方式，建立了绿氢应用规模预测模型。

全社会用能部门繁多，影响因素多样，不同门类技术原理、特征、发展阶段差别显著。开展各行业氢需求预测，一方面需要自上而下构建具体行业中经济、技术与政策对氢需求的量化分析模型；另一方面需要自下而上细化各领域中的用能数据、原材料生产数据，以支撑模型参数识别与校验。由于绝大多数领域中氢应用技术发展仍然处于早期，氢应用相关数据难以全面统计，本报告主要采用增长率、替代率、用氢转化率等近似指标描述多种因素的综合作用。首先根据未来氢能应用重点细分领域，根据行业历史数据、人口预测数据、GDP 预测数据等外推计算用能或物质总需求，随后根据用氢替代率计算未来需求中氢能能够满足的部分，最后根据用氢转化率计算总用氢规模。

用氢规模预测模型如图 3.7 所示，基于人口预测、经济预测等数据，考虑政策影响等因素，采用 S 型种群模拟模型进行模拟，分析提出化工、交通、冶金等细分行业情景下的能源及非能需求。设需求量的拟合函数为

$$f(t) = A + \frac{K - A}{1 + \exp[-B(t - M)]}$$

式中：t 为年份；A 为某行业部门某需求总量的初始需求量；K 为最终需求量；B 为影响因子；M 为需求总量攀升最迅速年份。各参数的数值设置以历史数据为边界条件，考虑行业部门发展规律、碳中和愿景下政策环境的支持力度等因素，需要针对不同行业进行细致划分。

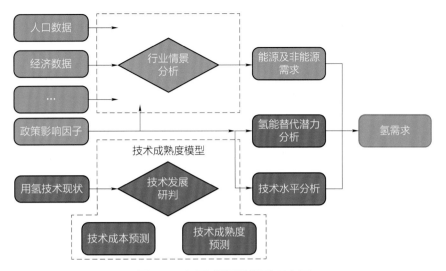

图 3.7 氢需求预测模型示意图

　　同时根据用氢技术现状、技术成本分析，采用技术成熟度模型进行未来氢能替代潜力分析与用氢技术水平分析，参考电能替代变化等历史发展规律，利用多种拟合过程分析绿氢替代增长模式。考虑新兴用氢产业技术进步，技术转化率提升引起的单位氢耗下降，测算不同时间点下各技术的单位氢耗，结合需求总量、替代率变化得出不同领域的用氢规模。

3.1.4　主要用氢领域分析

3.1.4.1　化工领域

　　化工用氢规模预测需要针对氨、甲烷、甲醇等重要化工原料进行具体分析，考虑化工品需求变化、化工工艺耗氢水平等多方面因素，具体结果如下。

　　绿氢制氨。中国合成氨产量总体较为稳定，在 5000 万 t 上下波动，近年来随产业结构调整、过剩产能去除，氨产量逐年缩减，如图 3.8 所示。随氨燃料相关技术不断突破，绿氨在能源领域的应用具备潜力，然而下游化肥等产品需求萎缩，未来中国合成氨产量将呈下降趋势。结合历史发展情况、人口预测等，对未来氨需求量进行预测，预计中国 2030 年氨的年需求量将达到 5000 万～

5500 万 t，2050 年氨需求量为 4100 万～4300 万 t，2060 年氨需求量下降至 4000 万 t 以下。

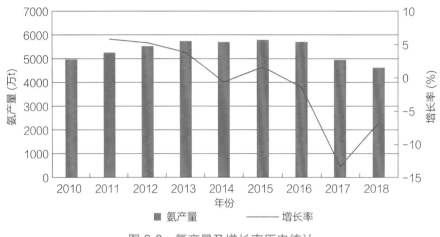

图 3.8　氨产量及增长率历史统计

可再生能源发电制氢成本不断降低，预计 2030 年绿氢制氨已开展规模化应用，成本达到 2.9 元/kg，与市场平均价格持平，替代率达到 15%；2050 年，随电制氢系统与哈伯法反应制氨系统的集成配合、升级优化，绿氢制氨产能将进一步扩张，替代率将提高至 65% 左右；2060 年绿氢制氨成本降至 2.4 元/kg 以下，制氨替代率将达到 75% 以上。氢耗水平方面，氨制备技术发展成熟、工艺完备，制氨工艺中制备 1t 氨消耗绿氢 0.2t 左右。

绿氢合成甲醇。甲醇是重要的化工原材料，目前中国合成甲醇产能快速扩张，2010—2019 年中国甲醇产量与增长率见图 3.9。甲醇是一种优质液体燃料，在能源领域具备巨大应用潜力，未来甲醇需求量将呈现快速增长趋势。结合历史发展情况、人口预测、能源需求变化，对未来甲醇需求量进行预测，预计中国 2030 年甲醇的年需求量将达到 6500 万 t 左右，2050 年甲醇需求量提高至 1.0 亿～1.1 亿 t，2060 年甲醇需求量增长至 1.15 亿 t 以上。

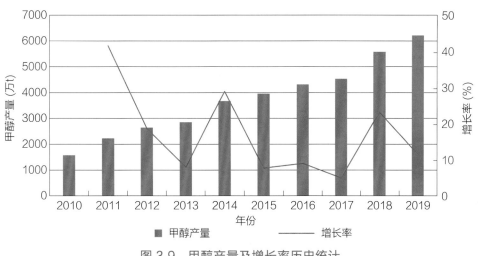

图 3.9 甲醇产量及增长率历史统计

在绿氢成本下降、电制甲醇技术进步的联合作用下，在合成甲醇领域绿氢将实现大范围应用。预计 2030 年绿氢合成甲醇实现初步示范应用，建成 10 万 t 级示范工程；2050 年绿氢合成甲醇成为具备经济性的技术路线之一，通过优化化工流程、研发高效催化剂实现绿氢合成甲醇的规模化应用，替代率达到 35%～40%；2060 年绿氢合成甲醇成本进一步降低至 2 元/kg 以下，达到传统合成甲醇成本价格水平，替代率提高至 40% 以上。氢耗水平方面，目前电制甲醇工艺中合成 1t 甲醇消耗绿氢 0.3t 左右，随技术升级、转化率提高，未来氢耗将降至 0.25t 左右。

绿氢合成甲烷。中国国内天然气储量较低，面对日益增长的天然气消费需求，天然气进口量逐年提高，对外依存度逐年提升。2019 年中国天然气进口量为 1330 亿 m³，占总需求量 40%，中国天然气产量、进口量与增长率历史统计见图 3.10。

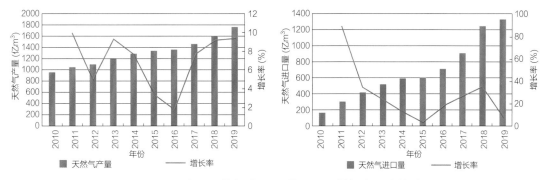

图 3.10 中国天然气产量、进口量及增长率历史统计

结合历史发展情况、人口预测、能源需求变化等，对未来天然气（甲烷）需求量进行预测，预计中国 2030 年甲烷的年需求量将达到 3.4 亿 t 左右，2050 年甲烷需求量降至 2.5 亿 t 左右，2060 年甲烷需求量降至 1.4 亿 t 左右。

在绿氢成本下降、合成甲烷技术进步的联合作用下，绿氢在合成甲烷领域将逐渐形成商业化应用。预计 2030 年，绿氢合成甲烷仍不具备经济性；至 2050 年甲烷制备成本降低至 2.4 元/m³ 以下，在远离天然气产地的地区得到推广，替代率达到 5%～10%，2060 年，随绿氢成本不断降低，合成甲烷的适用范围进一步扩大，替代率进一步提升至 10% 以上。氢耗水平方面，绿氢还原二氧化碳人工合成甲烷技术稳定，工艺流程中制备 1t 甲烷消耗绿氢 0.55t 左右。

综合考虑氨、甲醇与甲烷的需求规模、绿氢应用替代能力和合成化工品的氢耗，能够分析得出绿氢化工用氢规模。以 2050 年为例，预测流程及结果如图 3.11 所示。绿氢化工行业耗氢总量为 2400 万 t/年，其中绿氢制氨用氢达到 500 万 t/年，绿氢合成甲醇用氢达到 1100 万 t/年，绿氢合成甲烷用氢达到 800 万 t/年。

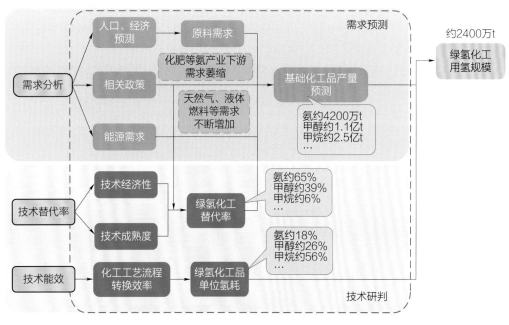

图 3.11　2050 年绿氢化工用氢预测的流程及结果

2030、2050、2060 年化工行业绿氢需求预测结果如表 3.3 所示。

表 3.3 未来化工行业绿氢需求预测 单位：万 t

项目		2030 年	2050 年	2060 年
氨	化工品需求量	5500	4200	3700
	氢能需求	150	500	500
甲醇	化工品需求量	5000	11000	11500
	氢能需求	10	1100	1200
甲烷	化工品需求量	34000	25000	14000
	氢能需求	0	800	1000
氢能需求合计		160	2400	2700

3.1.4.2 冶金领域

冶金领域中，钢铁冶炼是产能最高、最难实现电能替代的行业，为实现冶金行业的低碳转型，氢炼铁技术急需得到突破与应用。除钢铁冶炼外，冶金用氢还涉及钨、钼等金属的冶炼工艺流程，但产能相对较低。冶金用氢规模预测主要考虑钢铁冶炼及其相关因素，包括钢铁需求变化、炼铁耗氢水平等多方面，具体结果如下。

中国钢铁产业快速发展，2012 年后钢材年产量维持在 10 亿 t 以上，占据全球黑色金属市场 50% 以上，中国钢材年产量及增长率历史统计如图 3.12 所示。钢铁消费集中于房地产与基建、机械、汽车等行业，随中国未来城镇化发展逐渐完备、人口增长放缓，下游行业用钢需求逐渐萎缩，钢铁需求将逐渐降低。结合历史发展情况、人口预测等，对未来钢材需求量进行预测，预计中国 2030 年钢铁的年需求量维持在 11 亿 t 左右，2050 年钢铁需求量为 7.5 亿～8 亿 t，2060 年钢铁需求量下降至 7.5 亿 t 以下。

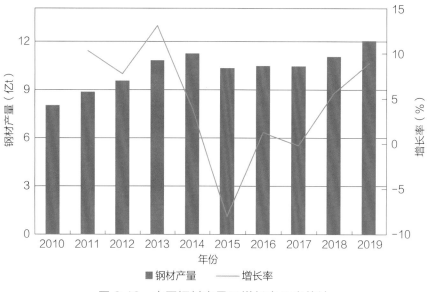

图 3.12　中国钢材产量及增长率历史统计

　　随可再生能源发电制氢成本降低、绿氢炼铁与电炉炼钢的技术工艺发展更加完备，绿氢在冶金行业将逐渐具备经济可行性，预计 2030 年绿氢炼铁实现初步示范应用，耗氢成本降至 950 元/t，建成绿氢炼铁示范工程产能达到 20 万 t；2050 年随绿氢开发成本降低、氢炼铁技术发展突破，氢炼铁成本降至 500 元/t，与高炉炼铁经济性相当，预计替代率提高至 25%～30%；2060 年氢炼铁的耗能成本进一步降低，设备安全管理等问题得到全面解决，绿氢炼铁替代率预计将达到 30%以上。

　　氢耗水平方面，目前绿氢炼铁技术发展处于研发初期，未来随工艺流程管理经验增加，氢气利用率将有所提高，预计 2030 年炼铁过程中生产 1t 生铁消耗绿氢约 58kg；至 2050 年以后，反应机理研究不断深入、反应控制技术不断突破，氢气利用率和产品金属化率不断提高，生产 1t 生铁消耗绿氢量将降至 50kg 左右。

　　综合考虑钢铁的需求规模、绿氢应用替代能力、炼铁氢耗变化，分析得出绿氢炼铁用氢规模。以 2050 年为例，预测流程及结果如图 3.13 所示。绿氢炼铁耗氢总量为 1000 万 t/年，2030、2050、2060 年冶金行业绿氢需求预测结果如表 3.4 所示。

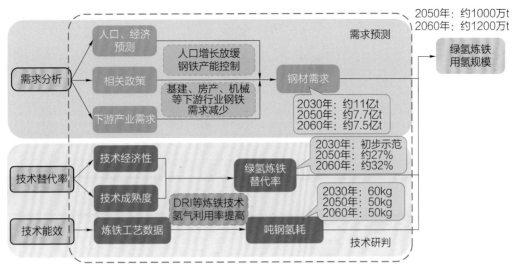

图 3.13 2050 年绿氢炼铁用氢预测的流程及结果

表 3.4 未来冶金行业绿氢需求预测

	项　　目	2030 年	2050 年	2060 年
钢铁冶炼	钢材产量（亿 t）	11.4	7.7	7.5
	氢能需求（万 t）	20	1000	1200

3.1.4.3 交通领域

交通用氢规模预测需要针对小型乘用车、大型客车、载重卡车、工程车辆等不同种类交通工具进行具体分析，考虑各类交通工具保有量、耗能水平、使用方式等多方面因素，具体结果如下。

中国汽车整体保有量增速逐渐放缓，然而新能源汽车、载重商用车数量增长迅速，中国汽车、载货汽车保有量及增长率历史统计如图 3.14 所示。为实现交通领域碳减排，预计未来电动汽车、氢燃料电池车等新能源汽车占有率将不断提升。与电动汽车相比，氢燃料电池车在载货汽车、工程车辆等领域具有优势，具备大规模推广的可行性。目前中国载货汽车保有量未达到饱和，预计未来交通用氢规模主要集中于载货汽车等商用车领域。

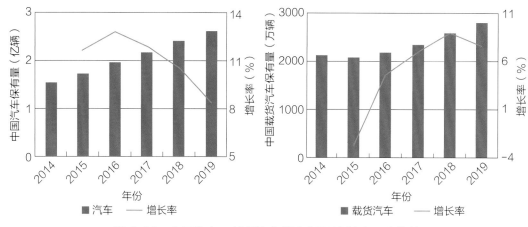

图 3.14　中国汽车、载货汽车保有量及增长率历史统计

　　结合人口预测、各类交通工具使用习惯与近年来增长趋势，对未来汽车保有量进行预测。以 2050 年为例，乘用车保有量达到 4.6 亿辆，其中大型客车 110 万辆；载货汽车中，中小型货车保有量达到 2000 万辆，重型货车 800 万辆左右。

　　氢能交通的发展将主要侧重于大型客车、公交车、重型货车、工程车辆等领域。公交车运营模式、运行路线稳定，加氢站需求低，是最容易大规模商业应用的氢能交通方式之一，随用氢成本下降、车用燃料电池成本降低，2050 年氢燃料大型客车与公交汽车替代率将达到 25%～30%。燃料电池车在物流运输方面也将展现巨大发展潜力，随燃料电池技术升级，燃料电池载货汽车的续航里程持续提高，能够胜任同城与城际货物运输工作，实现货物运输领域的清洁应用，2050 年燃料电池载货汽车替代率将达到 10%～15%。在工程车辆应用领域，氢燃料电池汽车已展现巨大应用前景，工程车辆所需输出功率低，工作区域固定，具有长时间的稳定工作效率，是燃料电池汽车应用的有利条件。目前燃料电池叉车等工程用车已实现一定规模商业化应用，随用氢成本降低，2050 年工程车辆领域中氢能替代率将达到 65% 左右。

随氢燃料电池技术不断革新，同时燃料电池汽车整车集成技术迭代升级，燃料电池汽车的用能效率将不断提高，单位行驶里程消耗氢燃料将不断降低。为预测各类氢燃料电池的年均氢燃料消耗，需要根据行驶统计数据、燃料电池转换效率等方面数据对汽车行驶里程与耗氢水平进行评估。以 2050 年为例，各类氢燃料电池车年均行驶里程与百千米耗氢如下。

（1）中小型乘用车年行驶里程为 1.3 万～2 万 km，平均百千米耗氢 0.7kg 左右。

（2）大型乘用车、公交车年行驶里程为 5 万～8 万 km，平均百千米耗氢 2～5kg。

（3）载货汽车年行驶里程在 10 万 km 以上，平均百千米耗氢 4.5kg 以上。

（4）工程车辆年行驶里程为 2 万 km 以内，平均百千米耗氢 0.9kg 左右。

（5）民用航空飞机年行驶里程为 200 万 km 以内，平均百千米耗氢 42kg 左右。

根据不同类型交通工具的保有量、氢燃料电池车替代率以及单位千米氢耗，能够得出氢能交通总用氢规模，结果如图 3.15 所示。以 2050 年为例，交通行业耗氢总量为 1500 万 t/年，其中乘用车用氢达到 280 万 t/年，公交车用氢达到 120 万 t/年，货运车、工程车辆用氢达到 1040 万 t/年，民用航空、航海用氢达到 60 万 t/年。

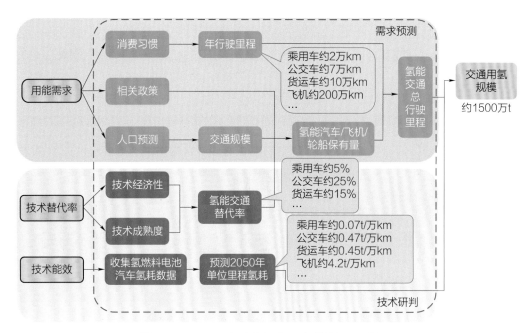

图 3.15　2050 年交通用氢预测的流程及结果

2030、2050、2060 年交通行业绿氢需求预测结果如表 3.5 所示。

表 3.5　未来交通行业绿氢需求预测

项目		2030 年	2050 年	2060 年
乘用车	保有量预计（亿辆）	约 3.8	4.6	4.8
	氢能替代率（%）	约 1	约 5	约 75
	氢能需求（万 t）	40	280	420
公交车	保有量预计（万辆）	约 100	约 120	约 130
	氢能替代率（%）	5	约 25	约 45
	氢能需求（万 t）	30	120	140
货运车	保有量预计（万辆）	2500	2800	3200
	氢能替代率（%）	约 2	10～15	15～20
	氢能需求（万 t）	130	1020	1400
工程车辆	保有量预计（万辆）	100	180	200
	氢能替代率（%）	30	约 60	约 65
	氢能需求（万 t）	10	20	20

项目		2030 年	2050 年	2060 年
航空	保有量预计（万架）	约 0.7	约 2.1	约 3.1
	氢能替代率（%）	无	约 2	约 4
	氢能需求（万 t）	0	30	80
轮船	行业燃料消耗（万 t/年）	约 2500	约 3200	约 3800
	氢能替代率（%）	无	约 3	约 8
	氢能需求（万 t）	0	30	120
氢能需求合计（万 t）		200	1500	2200

3.1.4.4　氢发电

随着电力系统的清洁转型，风、光等新能源的渗透率不断提高，其发电出力的随机性也逐渐成为系统中重要的不可控因素，系统波动性越来越强。按照电力系统常用的时序分析法，将风电、光伏出力和用电负荷的时间序列按照不同时间尺度分为超短时（秒级到分钟级）、短时（小时级到数日）和长期（周、月、年）分析其特性，分别对应调频、日内调峰和季节性调峰等场景。

长期时间尺度下（以周为单位），风、光资源的季节性变化趋势明显，以中国华北地区为例，风电基本呈现冬季大、夏季小的特点，光伏则相反；基础负荷受大众用电季节需求、节假日等因素影响，呈现冬夏高峰、春秋低谷的特点。净负荷叠加了风、光、基础负荷的变化特点，呈现一定的季节性规律，波动周期可达数周，如图 3.16 所示。现有的各类储能技术受储能容量的限制，难以提供长期时间尺度的调节能力。

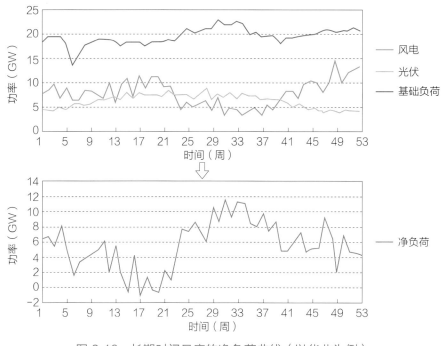

图 3.16　长期时间尺度的净负荷曲线（以华北为例）

　　绿氢来自电能，还可以通过氢发电技术转化回电能，从电力系统的角度看，这一过程相当于储能的充电和放电。相比于电能，氢更易于长时间、大规模存储，基于这一特点，氢发电能够为新能源为主体的新型电力系统提供长期的季节性调节能力和可靠供电的保障能力。发电用氢规模预测需要根据系统中光伏、风电等波动性新能源的占比、出力特性，水电、火电、核电和生物质等可控发电设备的调节能力以及极端天气等特殊情况保障供电的需求等多方面因素来确定。

　　根据中国能源互联网场景，预计到 2030 年，中国电源总装机容量为 38 亿 kW，其中风电、光伏等波动性新能源装机占比约 47%，其他可调节机组占比 53%，系统对氢发电的需求不大。随着氢发电技术的成熟进步，将以分布式氢燃料电池发电为主逐步开展示范应用。预计到 2050 年，中国电源总装机容量达到约 75 亿 kW，风电、光伏等波动性新能源装机占比约 73%，氢发电装机容量达到 1 亿 kW，用氢需求约 900 万 t。预计到 2060 年，中国电源总装机容量达到约 80 亿 kW，风电、光伏等波动性的新能源发电装机占比达到 75% 左右，氢发电装机容量达到约 2 亿 kW，用氢需求约 1000 万 t，满足系统灵活性调节和保障供电可靠性的需要。

3.1.4.5　建筑领域

氢制热为建筑领域清洁用热提供选择。制热用氢规模预测需要针对建筑等领域进行具体分析，考虑供热需求变化、建筑供热多元化发展变化、氢能供热替代能力、能量转化水平等因素，具体结果如下。

随中国经济社会快速发展，生活更加便利舒适，未来人均供热需求将会大幅提高，中国供热面积及增长率历史统计如图 3.17 所示。根据 IEA 等机构研究报告，目前中国人均年供热需求为 0.22 万 kWh（约 8GJ），随中国经济发展水平提高、供热采暖的多元化发展，未来中国人均供热需求将大幅提高。结合历史发展情况、经济发展水平预测等，对供热需求进行预测，预计中国 2030 年人均年供热需求达到 11GJ 左右，2050 年人均供热需求达到 15GJ/年以上，2060 年人均供热需求将达到 16GJ/年以上。

图 3.17　中国供热面积及增长率历史统计

建筑用热将从单一供热方式向多元化供热方式转变，绿氢将在供热领域实现部分清洁替代，包括以下几种方式：一是在北方大规模集中式供热区域，将部分退役的燃煤锅炉改造为燃气锅炉；二是在天然气输送管道中掺入氢燃料满足供热需求，预计 2050 年中国天然气年用量达到 5000 亿 m³，以现有天然气管线中可掺氢 3%～5% 估算，最多可实现 220 万 t/年的氢能供热应用；三是在分布式能源系统中，通过热电联供方式同时实现氢发电与供热。

与电制热相比，绿氢制热成本较高，但未来随绿氢制备成本的不断降低，氢能将在供热领域发挥极其重要的作用。氢气与天然气掺烧供热是一种过渡性减碳措施，是建筑供热中氢能利用的重要方式，预计 2050 年供热领域中绿氢替代率达到 0.5% 左右；至 2060 年，多元化供热方式不断发展，氢能将在集中供热、分布式能源系统中发挥清洁替代作用，随绿氢成本降低至 10 元/kg 以下，建筑供热领域中绿氢替代率达到 1%。氢耗水平方面，燃氢锅炉的平均能量转换效率能够达到 90% 以上。

综合考虑供热需求规模变化、绿氢应用替代能力、制热氢耗，能够分析得出绿氢制热用氢规模。以 2050 年为例，预测流程及结果如图 3.18 所示。绿氢制热耗氢总量为 100 万 t/年，2030、2050、2060 年绿氢制热行业绿氢需求预测结果如表 3.6 所示。

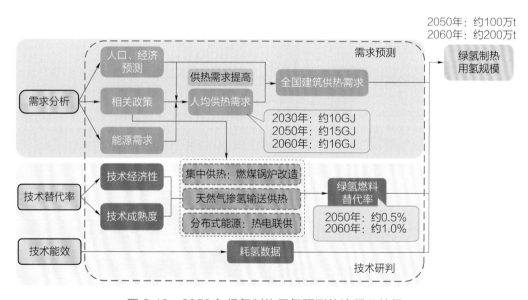

图 3.18　2050 年绿氢制热用氢预测的流程及结果

表 3.6 未来制热行业绿氢需求预测

	项目	2030 年	2050 年	2060 年
建筑制热	人均供热需求（GJ/年）	约 11	约 15	约 16
	人口（亿人）	14.6	14	13.3
	氢能需求（万 t）	0	100	200

3.1.5 需求预测结果

根据绿氢使用技术发展趋势和经济性研判，结合中国用能结构和特点，绿氢将重点在工业、发电和交通等领域发挥重要的减碳作用。基于全球能源互联网碳中和场景，按照前述模型方法对未来中国化工、冶金、发电、建筑等用氢潜力较大的领域进行需求预测。**预计到 2030 年，中国绿氢需求量约为 400 万 t，**主要来自交通和化工行业。**预计到 2050 年，中国绿氢需求量将达 6100 万 t。**在工业领域，新型绿氢化工、冶金工业、制取工业高品质热氢需求量共计 3600万 t（含制甲烷和液体燃料用氢），交通领域氢需求量 1500 万 t，其他领域包括发电、建筑等用氢约 1000 万 t。**预计到 2060 年，中国绿氢需求量将达 7500万 t，氢总需求量 9500 万 t 左右，在终端能源消费中占比约 10%。**除绿氢外，石化、煤化工等传统工业内部环节产生的工业过程氢约 2000 万 t，以自产自用为主。2030、2060 年中国各领域氢需求占比如图 3.19 所示，各行业 2060 年用氢规模及绿氢替代率如图 3.20 所示。

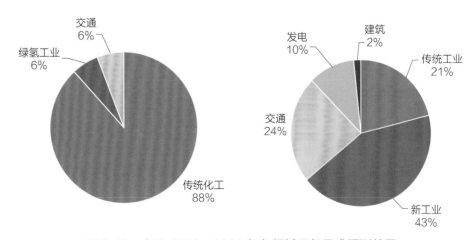

图 3.19 中国 2030、2060 年各领域用氢需求预测结果

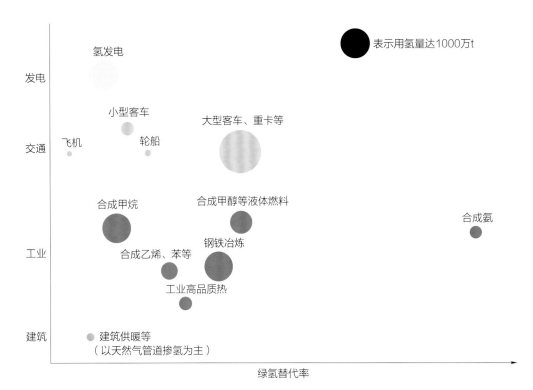

图 3.20　2060 年中国分行业绿氢替代率预测结果

考虑碳排放成本后，绿氢代替化石能源在工业、发电、交通等领域应用的经济性优势将加速到来。按照 50 元/t 的二氧化碳排放成本测算，煤制氨成本增加约 200 元/t，天然气制氨成本增加约 100 元/t；煤制甲醇成本增加 150～200 元/t，天然气制甲醇成本增加 80～100 元/t；高炉炼铁成本增加约 80 元/t；天然气发电的成本将增加 7.2 元/MWh；燃油乘用车运行成本增加 1.1 元/百千米。随着二氧化碳排放成本的提高，绿氢在这些领域的应用经济性将更加明显。

3.1.6　中国能源互联网情景

通过对绿氢需求潜力的预测，全球能源互联网合作组织在"电能替代"情景的基础上，提出终端能源消费以"电能+氢能"为主的中国能源互联网情景。基于能源互联网建设，能源生产实施清洁替代，通过清洁能源大规模开发、大范围配置和高效率使用，摆脱化石能源依赖，加快化石能源退出和零碳能源供应，建立清洁主导的能源体系；能源消费实施电能+氢能替代，由煤、油、气等向电为中心、电氢协同转变，电和氢成为终端能源消费的核心载体，终端电气化水平（含绿氢应用实现的间接电气化）提升，能源使用效率提高。

尽早达峰阶段（2030 年前），绿氢应用还处于起步阶段，关键在于煤炭石油达峰。化石能源消费总量 2028 年达峰，其中煤炭消费总量 2013 年后稳定在 28 亿 t 左右，2025 年电煤达峰后开始下降；石油消费总量 2030 年前达峰后逐渐下降，峰值约 7.4 亿 t。2030 年清洁能源消费占一次能源消费比重提高到 31%。全社会用电量 10.7 万亿 kWh，电气化率达到 33%，电能超过煤炭、石油、天然气成为终端能源消费主导能源。

快速减排阶段（2030—2050 年），关键在于加快清洁能源开发，提高电能替代比例，加速绿氢应用。2050 年化石能源消费总量下降至 13.9 亿 t 标准煤，**清洁能源消费规模加速扩大**，一次能源比重达到 75%。全社会用电量达到 16 万亿 kWh，其中约 2.7 万亿 kWh 用于制氢，绿氢需求 6100 万 t，电气化率达到 58%。

全面中和阶段（2050—2060 年），关键在于电能替代+氢能替代实现能源消费深度脱碳。加大水、风、光等清洁能源开发力度，推动清洁电能全面消纳，能源消费基本实现由清洁能源满足。2060 年**化石能源消费**总量下降至 6.5 亿 t 标准煤，**清洁能源消费规模进一步扩大**，占一次能源比重 90%，实现能源生产体系全面转型，剩余化石能源消费加速向非能利用转型，充分发挥化石能源价值。全社会用电量达到 17 万亿 kWh，其中约 3 万亿 kWh 用于制氢，绿氢需求 7500 万 t，电气化率达到 66%。中国一次能源总量及结构、终端能源消费总量及结构如图 3.21 和图 3.22 所示。

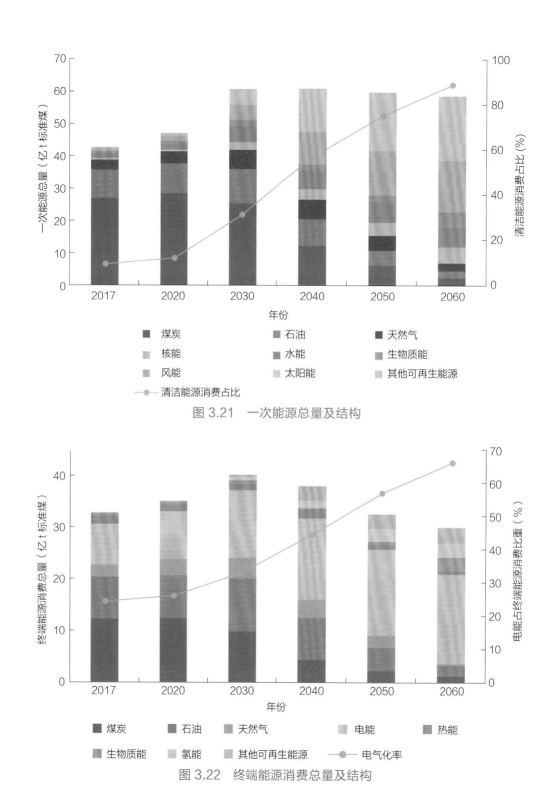

图 3.21　一次能源总量及结构

图 3.22　终端能源消费总量及结构

3.2　开发潜力与成本

"绿氢"是未来最重要的制氢技术发展方向。随着可再生能源发电成本的降低，风光资源丰富、适宜集中开发的地区可作为廉价低碳的氢源，布置电制氢设备和相关产业。**绿氢的开发潜力有多大，低成本的绿氢分布在哪里，是未来绿氢开发需要首先回答的两个问题**。这些问题关系到绿氢的发展能否高效、经济地与可再生能源开发相结合，充分支撑中国氢能产业的发展，助力实现全社会碳中和。因此，需要建立一套系统、全面的算法模型综合评估绿氢的**技术可开发量、开发成本及分布**。

报告基于全球能源互联网发展合作组织在清洁能源发电技术成本预测、全球清洁资源评估等领域的研究基础与相关成果[1]、[2]，进一步综合考虑区域资源开发潜力、风光互补特性，兼顾制氢技术与经济性等多重因素，构建了全球绿氢制备潜力评估算法与成本优化模型，借助线性规划优化算法、地理空间大数据分析等先进计算工具，完成中国绿氢制备潜力评估以及成本分布研究。研究思路如图 3.23 所示。

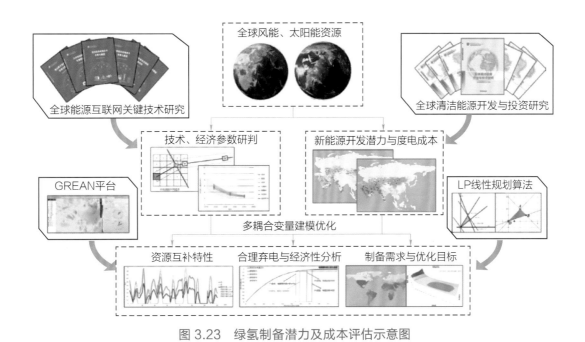

图 3.23　绿氢制备潜力及成本评估示意图

❶ 全球能源互联网发展合作组织.全球清洁能源开发与投资研究. 北京：中国电力出版社，2020。
❷ 全球能源互联网发展合作组织.清洁能源发电技术发展与展望. 北京：中国电力出版社，2020。

3.2.1　新能源发电成本预测

　　清洁能源发电是实现清洁替代的关键技术，更是推动绿氢制备和应用的重要前提。根据全球能源互联网发展合作组织基于二元综合评估模型（RL–BPNN）对新能源发电技术的发展与展望研究❶，未来风电和光伏发电技术将不断成熟和更新迭代，设备及新建项目的投资成本继续保持近年来快速下降的势头。预计到2030年，中国陆上风电平均初始投资将降至 5300 元/kW，度电成本 0.25 元/kWh；光伏开发成本同样呈现快速下降的趋势，平均初始投资将降至 2700 元/kW，度电成本 0.15 元/kWh。到 2060 年，中国陆上风电平均初始投资将降至 3100 元/kW，度电成本 0.14 元/kWh；光伏开发成本同样呈现快速下降的趋势，平均初始投资将降至 1200 元/kW，度电成本 0.07 元/kWh。

3.2.2　新能源资源评估

　　风电、光伏发电资源评估是开展绿氢制备潜力与成本评估的关键基础。全球能源互联网发展合作组织在建立全球清洁能源资源数据库的基础上，构建了精细化数字评估模型，开发了"全球清洁能源开发评估平台（GREAN）"，完成了全球及六大洲清洁能源开发与投资研究❷，对全球范围风、光资源开展了理论、技术、经济多维度的量化评估研究。

1. 数据与方法

　　数据方面，为满足数字化与多维度评估需求，在资源类数据的基础上进一步引入了地面覆盖物分布等地理信息类数据、交通与电网基础设施分布等人类活动相关数据，采用数据融合算法，建立了包含 3 类 18 项覆盖全球可计算的基础信息数据库，见附录 1。

---

❶ 全球能源互联网发展合作组织.清洁能源发电技术发展与展望. 北京：中国电力出版社，2020。

❷ 全球能源互联网发展合作组织.全球清洁能源开发与投资研究. 北京：中国电力出版社，2020。

模型方面，构建了一套定义明确，系统、全面、可操作的算法以及多维度量化评估模型，明确了各主要评价指标的科学内涵、评估流程、计算方法和推荐参数。风、光发电资源评估的技术路线如图 3.24 所示，评估参数与并网参数见附录 2。

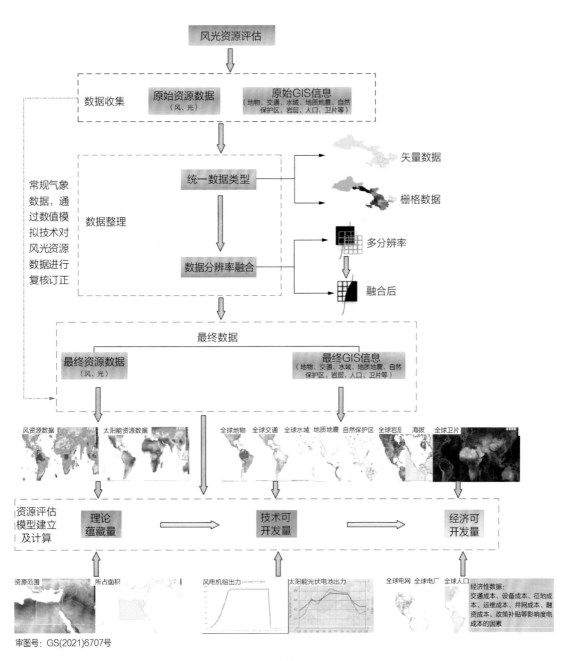

审图号: GS(2021)6707号

图 3.24　风、光发电资源评估技术路线图

3.2　开发潜力与成本

2. 评估结果

中国适宜集中式开发的风电规模约 5.6TW，年发电量约 14PWh。中国技术可开发风能资源主要集中在西北、华北地区，占全国总量 90%以上，内蒙古与新疆风能开发条件极为优越，资源占比分别达到全国的 51%与 26%。中国东部、南部大部分地区人口稠密，农业发达，耕地广泛分布；西部青藏高原海拔高、地形起伏大；西南、华南特别是海南等地广泛覆盖茂密的热带雨林，均不具备集中建设大型基地的条件。总体来看，受地面覆盖物、地形地貌等因素影响，中国约 16%的陆上区域具备集中式开发条件，东中部等区域可采用分散式开发方式，利用乡村和森林周边、田间地头的空闲土地开发风电资源。

适宜集中式开发的光伏发电规模 117.2TW，年发电量高达 193PWh，技术可开发光伏资源主要集中在中国的西北、华北和西南地区，其中西北地区占到全国总量 60%以上，新疆、内蒙古与青海等省份进行集中式光伏资源开发的条件极佳。与风电开发相似，东部与南部地区分布大量城镇及农田，青藏高原地形复杂导致工程建设难度大，西南与华南森林密布，均不适宜光伏的规模化开发。总体来看，受地面覆盖物、地形地貌等因素影响，中国约 32%的陆上区域具备集中式光伏开发条件，东部、南部等区域适宜采用分散式开发模式，利用田间地头的空闲土地、城市屋顶等开发光伏发电资源。

基于风电、光伏发电的技术成本预测结果，综合考虑交通和电网基础设施条件，集中式风电开发成本较低的地区主要集中在内蒙古、新疆东北部、宁夏中部、陕西与河北北部、吉林与辽宁西部，以及云南中部部分地区。集中式光伏整体具备良好的大规模开发条件，开发成本较低的地区主要集中在内蒙古、新疆与青海等省份的大部分区域，以及甘肃、陕西、云南、西藏与广东等地。

3.2.3 开发潜力与成本优化模型

绿氢制备的技术开发潜力的总量上限主要由区域风电、光伏资源的技术可开发能力所决定，一般来说远远超过全社会对氢的实际需求。因此在实际开发过程中，需要关注在哪些地区绿氢制备的经济性最佳，以及怎样与新能源开发相结合。

绿氢成本与绿电成本并非简单对应关系，经济可开发潜力的评估与成本分析是多变量耦合共同优化的过程。绿氢经济可开发潜力评估与成本优化研究需要在获得风光发电成本、电制氢设备成本等技术经济参数的基础上，进一步结合风光资源出力及互补特性、合理弃电目标、电解设备利用率等实际运行约束的情况下，以绿氢制备成本最低为优化目标，采用运筹学线性规划理论（linear programming，LP）进行建模分析，以最终获得绿氢成本与优化开发方案。

3.2.3.1　建模思路

开展绿氢经济开发潜力与成本优化的建模研究包含 4 个关键环节，分别构建数学模型，建模思路如图 3.25 所示。一是清洁能源开发模型，利用风光资源互补特性开展协同开发，将有效提升综合利用小时、降低开发成本，基于新能源发电技术成本分析与资源评估研究，可以获得风光资源出力特性、技术可开发量以及开发成本，构建装机规模上限约束函数。二是绿氢制备规模模型，以时序平衡为原则，建立风、光以及电解槽出力的时序约束模型，构建限制最高弃电率的弃电量约束模型。三是经济性模型，采用平准化制氢成本（levelized cost of hydrogen，LCOH）作为评价指标，构建其数学表达模型，主要包含风光年化发电成本、制氢系统年化投资、年化运维等部分，并提出制氢总量预测方法。四是线性规划优化模型，以制氢成本最低为目标建立求解函数，优化满足制氢需求的风光开发与电解槽规模的协同配置方案，获得最低制氢成本。最后，基于地理信息计算 GIS 算法，绘制绿氢制备潜力与成本的优化分布图谱。

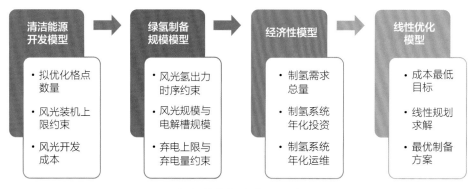

图 3.25　绿氢潜力与成本优化建模示意图

3.2.3.2　数学模型与边界条件

1. 清洁能源开发模型

在完成风光资源评估的基础上，对独立地理栅格 i 内风电、光伏的装机容量 $Capwind_i^{\mathrm{I}}$ 与 $CapPV_i^{\mathrm{I}}$ 提出以下约束

$$0 \leqslant Capwind_i^{\mathrm{I}} \leqslant CAPWIND_i^{\mathrm{I}}, \forall i \qquad （3\text{-}1）$$

$$0 \leqslant CapPV_i^{\mathrm{I}} \leqslant CAPPV_i^{\mathrm{I}}, \forall i \qquad （3\text{-}2）$$

$$CAPWIND_i^{\mathrm{I}}, CAPPV_i^{\mathrm{I}} \geqslant 0, \forall i \qquad （3\text{-}3）$$

式中：$CAPWIND_i^{\mathrm{I}}$ 与 $CAPPV_i^{\mathrm{I}}$ 分别为地理栅格内风电与光伏资源的技术可开发量，即为装机容量的规模上限；I 指待开发区域内的所有地理栅格，即参与优化的格点个数。

2. 绿氢制备规模模型

设置初始时段 $t=0$ 和最后时段 $t=N_T$，N_T 取值为 8760h（即年平衡）。进一步，引入栅格内风电、光伏在 t 时刻的出力理论值 $\omega_{i,t}^{\mathrm{I}}$ 与 $\phi_{i,t}^{\mathrm{I}}$，变量 $P_{i,t}^{\mathrm{I}}, P_{i,t}^{\mathrm{I,Cur}}$ 分别表示电解槽的出力与弃电功率，其数学表达式为

$$P_{i,t}^{\mathrm{I}}+P_{i,t}^{\mathrm{I,Cur}} = \omega_{i,t}^{\mathrm{I}} Capwind_i^{\mathrm{I}} + \phi_{i,t}^{\mathrm{I}} CapPV_i^{\mathrm{I}}, \forall i,t \qquad （3\text{-}4）$$

在实际工程中，一般允许通过合理弃电，即切除部分风光尖峰出力以保证电解槽达到较合理的利用小时（高于 3500h），提高设备利用率、避免平均制氢价格的上升，保障项目经济性。因此，模型中设置了弃电率上限λ，提出了实际弃电率λ_i^I低于弃电上限λ这一约束。Cap_i^I为电解槽的容量规模，其数学表达方程为

$$Cap_i^I = \max\left(P_{i,t}^I\right) \tag{3-5}$$

$$\lambda_i^I = 1 - \frac{\sum_{t=1}^{N_T} P_{i,t}^I}{Capwind_i^I \sum_{t=1}^{N_T} \omega_{i,t}^I + CapPV_i^I \sum_{t=1}^{N_T} \phi_{i,t}^I}, \forall i,t \tag{3-6}$$

$$P_{i,t}^I, P_{i,t}^{I,Cur} \geqslant 0, \forall i,t \tag{3-7}$$

$$0 \leqslant \omega_{i,t}^I \leqslant Capwind_i^I, 0 \leqslant \phi_{i,t}^I \leqslant CapPV_i^I, \forall i,t \tag{3-8}$$

$$0 \leqslant \lambda_i^I \leqslant \lambda \leqslant 1 \tag{3-9}$$

单个地理格点需满足上述出力时序平衡与弃电约束，对于参与优化的地理格点群I，提出了绿氢制备总量$TotalH$的约束方程，数学表达式为

$$TotalH = \sum_{i=1}^I TotalH_i = \alpha \sum_{i=1}^I \sum_{t=1}^{N_T} P_{i,t}^I, \forall i,t \tag{3-10}$$

3. 绿氢制备经济性模型

在由风光资源评估得到获得各独立地理栅格内风电、光伏的开发成本$LCOEwind_i^I$与$LCOEPV_i^I$的基础上，绿氢制备成本$LCOH_i^I$的数学表达式如下所示。其中$LCOE_i^I$为风光协同开发的用电成本，$CAPEX_i^I$为制氢系统的年化投资，$OPEX_i^I$为制氢系统的年化运维成本。假设风光发电设备的投资和运行成本已纳入开发成本$LCOEwind_i^I$与$LCOEPV_i^I$测算，且不考虑清洁能源弃电量惩罚，则

$$LCOH_i^I = \frac{LCOE_i^I + CAPEX_i^I + OPEX_i^I}{TotalH_i^I}, \forall i \tag{3-11}$$

$$LCOE_i^1 = LCOEwind_i^1 Capwind_i^1 \sum_{t=1}^{N_T} \omega_{i,t}^1 + LCOEPV_i^1 CapPV_i^1 \sum_{t=1}^{N_T} \phi_{i,t}^1, \forall i,t \quad （3-12）$$

$$CAPEX_i^1 = \frac{Cap_i^1 IC\gamma_{\mathrm{IRR}}(1+\gamma_{\mathrm{IRR}})^{N_{\mathrm{Dep}}}}{(1+\gamma_{\mathrm{IRR}})^{N_{\mathrm{Dep}}}-1}, \forall i \quad （3-13）$$

$$OPEX_i^1 = Cap_i^1 IC\delta_{\mathrm{FIX}}, \forall i \quad （3-14）$$

$$LCOEwind_i^1, LCOEPV_i^1, \alpha, IC, N_{\mathrm{Dep}} \geqslant 0, \forall i \quad （3-15）$$

$$0 \leqslant \gamma_{\mathrm{IRR}}, \delta_{\mathrm{FIX}} \leqslant 1 \quad （3-16）$$

式中：α 为制氢效率，取值为 0.22m³/kWh（即电解效率为 80%）；IC 为电制氢系统单位投资成本，取值为 3000 元/kW；γ_{IRR} 为内部收益率，取值为 8%；N_{Dep} 为折旧年限，取值为 20 年；δ_{FIX} 为电解槽运维成本系数，取值为 2%。

4. 绿氢制备成本优化模型

在完成上述建模的基础上，以绿氢成本最低为目标，建立制备成本优化模型，其数学表达式如下

$$\begin{aligned}
\arg\min & \, f(Cap_i^1, Capwind_i^1, CapPV_i^1) \\
= & \, LCOEwind_i^1 Capwind_i^1 \sum_{t=1}^{N_T} \omega_{i,t}^1 + LCOEPV_i^1 CapPV_i^1 \sum_{t=1}^{N_T} \phi_{i,t}^1 + \\
& \frac{\dfrac{Cap_i^1 IC\gamma_{\mathrm{IRR}}(1+\gamma_{\mathrm{IRR}})^{N_{\mathrm{Dep}}}}{(1+\gamma_{\mathrm{IRR}})^{N_{\mathrm{Dep}}}-1} + Cap_i^1 IC\delta_{\mathrm{FIX}}}{TotalH}
\end{aligned} \quad （3-17）$$

s.t.　约束集式（3-1）~式（3-10）

可见，制氢成本受诸多耦合变量的共同影响，主要包括风光开发成本、电制氢设备成本、风光开发规模、合理弃电后的电制氢规模等，研究构建线性规划优化模型求解最低制氢成本。图 3.26 展示了不同风光开发方案、不同弃电水平对于绿氢成本的影响，优化求解可得到图中所示全局最优解。

考虑到中国国土覆盖的近 5000 万个地理格点所带来的海量数据与运算需求，建立"资源-评估-需求分层优化算法"进行分区优化（见附录 3），得到每个格点风光开发与电制氢的协同配置方案以及最低制氢成本。结合对制氢技术发展的研判，绘制中国绿氢生产潜力（技术可开发量）分布图和绿氢生产成本分布图。

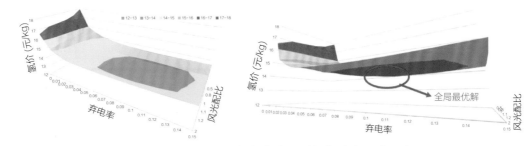

图 3.26　风光配比、弃电率水平对绿氢成本影响示意图

3.2.4　评估结果

绿氢生产潜力极大，远远超过用氢需求水平。 综合考虑中国风能、太阳能光伏发电的资源禀赋、开发难度和技术水平，评估得到陆上风电、光伏年技术可开发量分别为 14、193PWh。如果这些风、光资源全部参与制氢，中国绿氢的技术可开发上限为 37 亿 t/年，是 2060 年总用氢需求的 40 倍左右。西北地区绿氢生产潜力大，占全国的 50%。因此，从风光资源角度，完全可以满足未来中国绿氢生产的需要。中国绿氢生产潜力分布示意图如图 3.27 所示。

针对地区的资源禀赋特性制定优化开发方案，能够最大化提高绿氢制备的经济性。**到 2030 年，西部和北部条件较好地区的绿氢制备成本可低至 15～16 元/kg。** 经优化测算，2030 年中国平均绿氢制备成本约 20 元/kg，不同格点经优化后的风电与光伏发电装机比例为 1∶1.5～1∶3，弃电率为 2%～7%，绿氢制备成本与风光度电成本的空间分布呈现一定相似性，具有经济性优势的区域主要集中在内蒙古大部分地区、新疆东北部、黑龙江西部、吉林西部、辽宁西南部、陕西北部、宁夏、云南中部等地，均为风光资源条件优异，同时交通、电网基础设施条件相对较好的地区，部分地区绿氢制备成本低至 15～16 元/kg。2030 年中国绿氢生产成本分布示意图如图 3.28 所示。

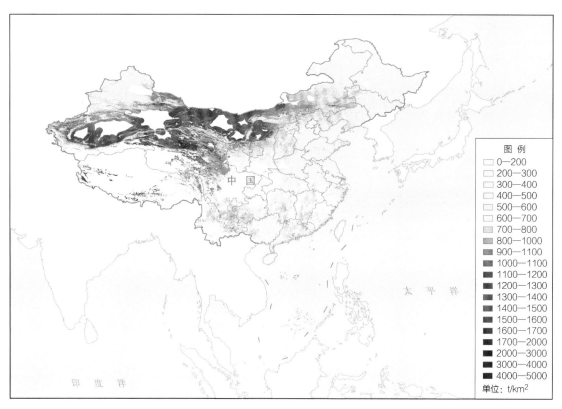

图例
- □ 0—200
- □ 200—300
- □ 300—400
- □ 400—500
- □ 500—600
- □ 600—700
- ▨ 700—800
- ▨ 800—1000
- ▨ 900—1100
- ▨ 1000—1100
- ▨ 1100—1200
- ▨ 1200—1300
- ▨ 1300—1400
- ▨ 1400—1500
- ▨ 1500—1600
- ▨ 1600—1700
- ▨ 1700—2000
- ▨ 2000—3000
- ▨ 3000—4000
- ▨ 4000—5000

单位：t/km²

图 3.27　中国绿氢生产潜力分布示意图

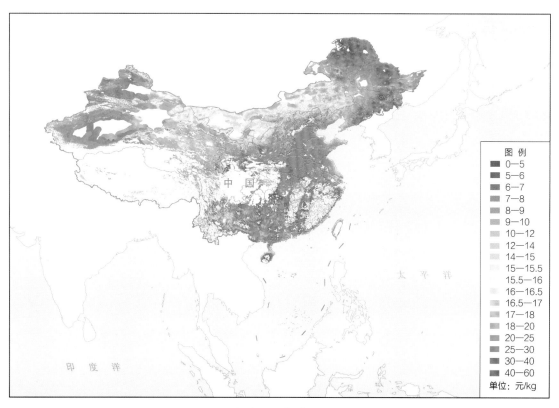

图例
- ▨ 0—5
- ▨ 5—6
- ▨ 6—7
- ▨ 7—8
- ▨ 8—9
- ▨ 9—10
- ▨ 10—12
- ▨ 12—14
- ▨ 14—15
- □ 15—15.5
- □ 15.5—16
- □ 16—16.5
- □ 16.5—17
- ▨ 17—18
- ▨ 18—20
- ▨ 20—25
- ▨ 25—30
- ▨ 30—40
- ▨ 40—60

单位：元/kg

图 3.28　2030 年中国绿氢生产成本分布示意图

到 2050 年，中国绿氢生产成本达 7～11 元/kg，西部和北部条件较好地区可低至 7～8 元/kg。绿氢经济性全面超越蓝氢和灰氢，成为氢最主要的生产方式。2050 年中国绿氢生产成本分布示意图如图 3.29 所示。

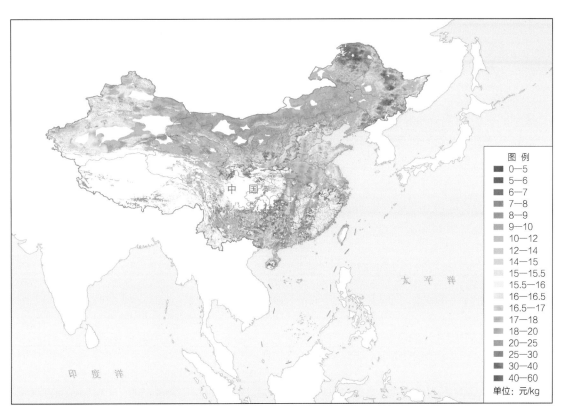

图 3.29　2050 年中国绿氢生产成本分布示意图

到 2060 年，中国绿氢平均生产成本约 6～10 元/kg，西部和北部条件较好地区可低至 5～7 元/kg。2060 年中国绿氢生产成本分布示意图如图 3.30 所示。

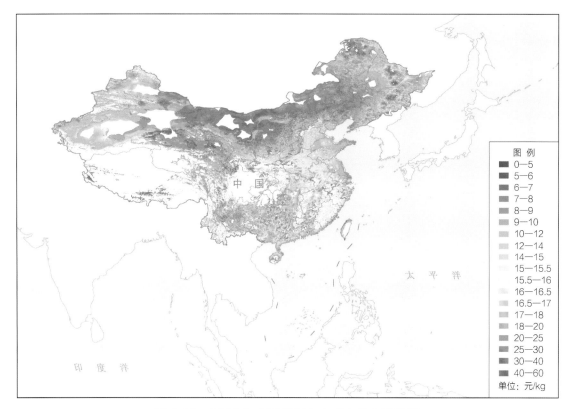

图 3.30　2060 年中国绿氢生产成本分布示意图

3.3　小结

深度脱碳是加快绿氢应用的根本动力。根据绿氢使用技术发展趋势和经济性研判，结合中国用能结构和特点，绿氢将重点在工业、发电和交通等领域发挥重要的减碳作用。在能源生产侧，氢发电是高比例新能源电力系统重要的长周期调节和保障性电源；在能源消费侧，氢将重点应用于化工、冶金、航空等难以直接电气化的领域，实现间接电能替代。

预计未来十年内，中国绿氢需求逐渐增加，到 2030 年，绿氢需求约 **400 万 t**。2050 年，中国绿氢需求快速增长至 **6100 万 t**。其中，电制原材料、冶金等新型工业用氢共计 3600 万 t，大型乘用车、重卡等交通用氢 1550 万 t，发电、建筑行业用氢共 950 万 t。2060 年，中国绿氢需求达到 **7500 万 t**，石化等传统工业用氢 2000 万 t，仍由其工业过程氢满足，用氢总量达 9500 万 t。基于中国各省区经济发展模式、产业结构现状，预计到 2050、2060 年，绿氢需求主要集中于中国东中部地区，占全国的 **85%**。

  绿氢开发潜力大，应统筹考虑可再生能源资源分布、水源、设备利用率等条件，优化开发布局。 综合考虑中国可再生能源资源禀赋、开发难度和技术水平，风光发电资源若全部用于绿氢制备，可年产 37 亿 t，约为 2060 年总用氢需求的 40 倍。中国绿氢开发潜力主要集中在西北地区，占全国的 50%。因此，风光资源量可以满足中国未来绿氢生产的要求，重点需要优化风光和制氢设备的配比，提高绿氢生产的经济性。

  根据优化模型测算，到 2030 年西部和北部条件较好地区的绿氢制备成本可低至 15～16 元/kg，相比蓝氢初具经济性。到 2050 年，西部、北部部分条件较好地区绿氢大规模集中开发的成本可低至 7～8 元/kg，绿氢成为主流制氢方式。2060 年进一步降至 5～7 元/kg。

3.3 小结

4

电-氢协同的零碳能源系统

绿氢来源于绿电并广泛应用于无法直接电气化的用能领域，二者共同构成零碳能源系统的主体。在研究能源的配置和布局时，不能孤立、割裂地考虑电或氢，而应将二者共同作为能源系统的重要组成部分来统筹优化，才能实现能源资源的安全、经济、高效配置。

本章构建电-氢协同的零碳能源系统模型，包含绿电与绿氢的生产、输送和存储等技术环节，以全系统经济性最优为目标，进行源、网、荷、储全要素优化，统筹和系统地研究"绿氢怎样配置""绿氢配置如何与绿电配置协同"等一系列问题，基于多方案量化分析了多元化能源配置的系统价值。

4.1 电-氢协同配置的必要性

由于自然资源分布的不均衡性，中国清洁能源资源与能源需求在地理关系上呈现逆向分布的特点。

从清洁能源资源看，西部地区风能和太阳能资源丰富，人口稀疏，利于大规模基地开发，例如中国西北五省风电和光伏技术可开发量分别达到 23.5 亿 kWh 和 737.5 亿 kWh，远超当地用能需求水平。中东部地区清洁能源资源相对较差，土地供应较为紧张，可利用建筑屋顶发展分布式光伏或在城镇乡村周边地区开发分散式风电，沿海地区可集中开发一定规模的海上风电，可满足本地部分用电及电制氢需求。

从绿氢制备成本看，2060 年中国西部地区条件较好的清洁能源基地绿氢制备成本为 5~7 元/kg，而中东部地区的分布式发电制氢的成本为 11~14 元/kg，东部沿海海上风电制氢成本约为 20 元/kg，西部地区绿氢制备具有明显的经济性优势。

从用氢需求看，东中部地区人口稠密，经济发展迅速，能源需求旺盛，是能源负荷中心，预计到 2060 年，用氢需求占全国的 85%。西部地区经济总量较小，用氢需求相对较少。

绿氢与绿电一样，都存在如何从生产基地向需求中心输送的问题。解决这个问题是构建零碳能源系统的重要任务，也是氢能实现广泛应用和快速发展的基础。

4.2 优化配置模型

4.2.1 模型与算法

为量化评估电氢耦合的系统性价值，分析输电、输氢之间的关系，系统研究中国氢能配置的最优方式，报告构建了电-氢协同的系统模型，从系统层面对不同能源品种的生产、输送、储存、配置和利用进行协同优化和量化分析。

1. 模型结构

电-氢协同系统模型包括多个节点，每个节点包含新能源发电、电制氢、氢发电、电储能和储氢等各类技术设备，都有各自的用电和用氢需求，节点之间通过输电和输氢设备连接。各类技术分别建模，组合与连接关系如图 4.1 所示。

2. 优化算法

电-氢协同系统模型根据受端和送端不同的用电、用氢需求和可再生能源资源特点，以全系统综合用能成本最低为目标，统筹优化发电、电制氢、储能、储氢、输电和输氢等各类设备的规模和运行方式，开展全年 8760h 逐小时的电、

氢等不同能源品种的供需平衡分析。模型的优化计算架构如图 4.2 所示，主要
输出结果包括：系统总体规模数据，包括各类发电设备的装机容量、输电输氢
通道容量、不同能源品种的产量、平准化成本、利用小时数；各类设备的小时
级运行数据，包括发电机组功率、储能充放电功率、输电输氢设备的传输功率
等。模型优化目标及约束的数学表达式见附录 4。

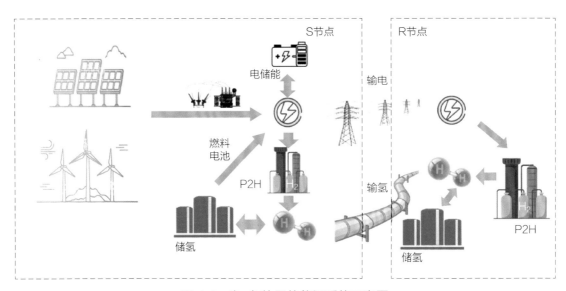

图 4.1　电–氢协同的能源系统示意图

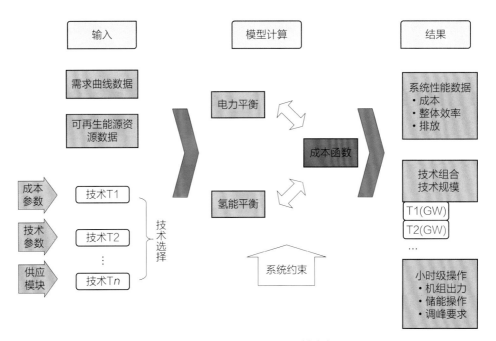

图 4.2　电–氢协同系统模型基本架构

4.2.2　典型场景分析

结合中国氢能发展趋势，研究水平年设置为 2060 年，根据绿氢的生产与消费逆向分布特点，重点研究以西北地区清洁能源基地为能源供应端，华中地区为能源受入端，2000km 输送距离的**点对点场景**下的电-氢协同系统输电、输氢配置问题。其他不同输送距离的场景，可选取不同的输氢、输电技术，应用相同的模型方法进行量化分析。

1. 边界条件

新能源发电设备包括风电、光伏发电和光热发电，三种技术的发电出力均受资源特性的影响，特别是风电和光伏波动性、间歇性明显。根据风光资源分布的实际情况[1]，在西北地区分别选取三个开发区域，当地风电和太阳能资源优异，风光制氢的成本为 5~7 元/kg。

选取的开发区域典型风电和光伏的出力特性如图 4.3 所示，时间尺度为小时级。

预计到 2060 年，风电、光伏和光热的建设成本将分别降至 3600、1500、15000 元/kW。

用能需求参照实际情况分别建立东中部和西北部的用电及用氢需求。用电需求的时间尺度为小时级，东中部和西北部都呈现夏季、冬季双高峰的特性，如图 4.4 所示；夏季和冬季的典型日内负荷曲线如图 4.5 和图 4.6 所示。

---

[1] 数据来源：全球清洁能源开发评估平台。

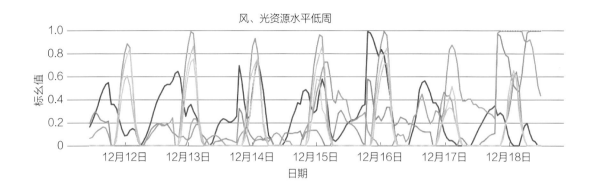

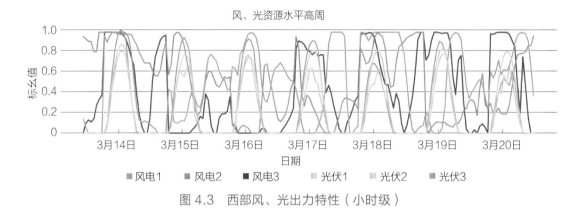

■ 风电1　　■ 风电2　　■ 风电3　　■ 光伏1　　■ 光伏2　　■ 光伏3

图 4.3　西部风、光出力特性（小时级）

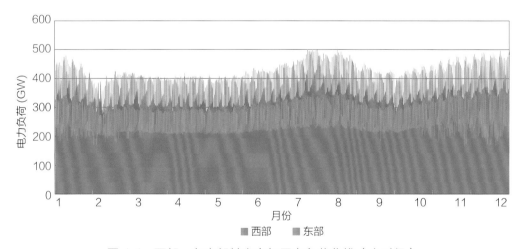

■ 西部　　■ 东部

图 4.4　西部、东中部某省全年用电负荷曲线（小时级）

　　用氢需求的时间尺度为月度，参照西北和东中部实际天然气消费情况，制定用氢需求，总体呈现夏低冬高的变化趋势，如图 4.7 和图 4.8 所示。

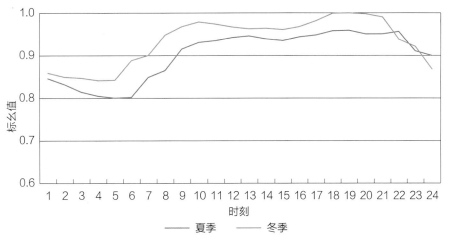

图 4.5   西北某省典型日用电负荷曲线

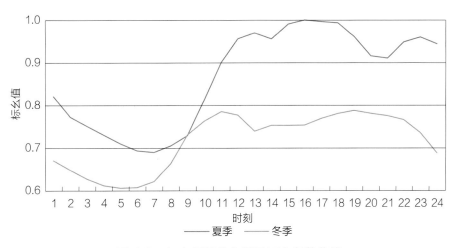

图 4.6   东中部某省典型日用电负荷曲线

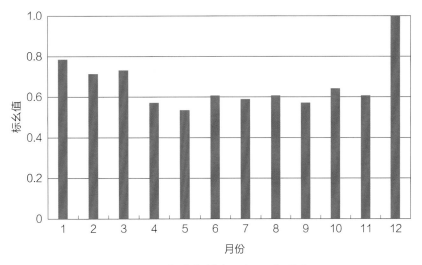

图 4.7   东中部某省用氢需求预测

4.2　优化配置模型

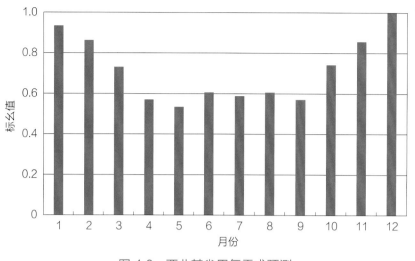

图 4.8　西北某省用氢需求预测

输电输氢技术选择。根据用能需求和输送距离等因素考虑，输电技术采用±800kV 直流，输氢采用百亿立方米级管道输氢技术，技术和经济参数与上节一致。目前，远距离、大规模的输氢管道尚无具体工程应用，实际建设成本根据工程情况的不同将存在较大差异，报告根据不同的输氢管道建设成本，设置技术延续、技术进步两个成本敏感性方案，分析输氢技术进步对电-氢协同能源系统能源配置方式的影响。两个情景中，输氢管道的建设成本分别相当于当前同等运能天然气管道的 1.5 倍和 1 倍（详见 4.4），具体成本见表 4.1。

表 4.1　两个情景下输氢管道成本

方案	输氢管道建设成本（万元/km）	与同等运能天然气管道成本比值
技术延续	2020	1.5
技术进步	1350	1

电储能和储氢技术，到 2060 年，电化学电池将在电力系统中作为储能设备广泛应用，包括锂离子电池、钠离子电池和液流电池等，预计建设成本将降至 500~700 元/kWh，充放电效率可达 90%左右。储氢主要采用高压气氢存储形式，按照储存压力 15~50MPa 的压力容器及相应配套辅机考虑，建设成本为 500~800 元/kg。

电制氢及氢发电技术，预计到 2060 年，高温固体氧化物电解槽成为主流，电制氢系统成本按 1800 元/kW 计，效率达到 90%。氢发电技术主要考虑联合循环氢燃气轮机，预计初投资成本为 2500 元/kW，发电效率 60%。

各类技术的预期成本和关键技术参数见表 4.2 和表 4.3。

表 4.2　各 类 技 术 成 本 参 数

技术成本	种类	初投资成本
发电（元/kW）	风电	3200
	光伏	1200
	光热	14000
	电解水制氢系统	1800
	氢燃气轮机	2500
储能（元/kWh）	电储能	700
	储氢	60
	储甲烷	6
传输	输氢	（详见 2.2.2）
	特高压输电	（详见 2.2.2）

表 4.3　能源产品转换和存储效率

过程	效率（%）
电制氢	90
氢发电	60
储电	90
储氢	80

2. 优化计算结果

技术延续方案下，西部与东中部之间不需要建设输氢管道，东中部的用氢需求全部由西部的新能源发电通过特高压直流输送至东中部后就地制氢来满足。主要原因就是输氢和输电的单位能量成本差距较大。此方案下，全系统的用能平准化成本为 0.579 元/kWh，电和氢的生产、输送及消费情况如图 4.9 所示。

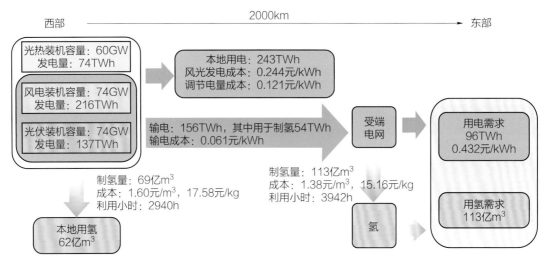

图 4.9　技术延续方案电与氢的生产、输送及消费情况

如果不对电–氢协同系统的能源输送方案进行统筹优化，输电和输氢仅分别用于满足用能中心的电需求和氢需求，则全系统的综合用能成本将明显上升，达到 0.596 元/kWh，如图 4.10 所示。

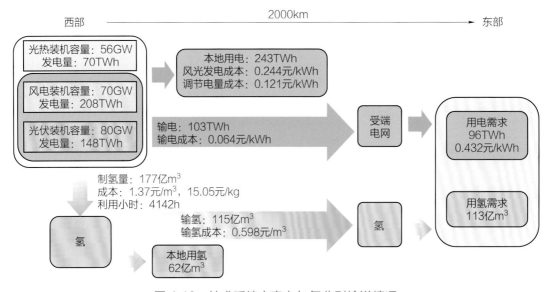

图 4.10　技术延续方案电与氢分别输送情况

　　技术进步方案下，西部与东中部之间既有输电通道也有输氢管道，输氢管道的运能为 16.9 亿 m³/年，实际输送氢气 16.0 亿 m³/年，利用率接近 100%。东中部用氢需求的 85% 由特高压直流输电至东中部后就地制氢来满足，15% 由西部制氢后通过管道输送至东中部来满足。全系统的用能平准化成本为 0.576 元/kWh，电和氢的生产、输送及消费情况如图 4.11 所示。

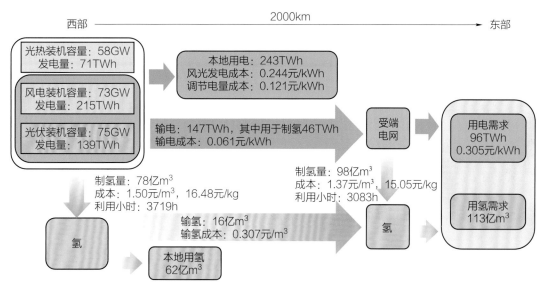

图 4.11　技术进步方案电与氢的生产、输送及消费情况

　　此方案下输电和输氢的平准化成本分别为 0.061 元/kWh 和 0.084 元/kWh（折合 0.307 元/m³），可以看出，虽然输氢的平准化成本仍然高于输电，但输氢管道发挥了系统性价值，降低了总体用能成本，主要体现在以下三方面：一是大幅提高了西部制氢设备的利用效率，降低了系统总体的制氢成本；二是充分发挥了两端储氢设备的作用，减少了对电储能的需求；三是提高了新能源利用效率，降低了总体电源装机。

　　综上所述，当输氢管道建设成本较高（至 2050 年仍相当于目前天然气管道的 1.5 倍）时，输氢的平准化成本大大超过输电，用能中心选择通过输电的形式获得清洁能源基地的电力后再就地制氢满足当地需求，是更具经济性的选择。当输氢管道建设成本降至 2050 年预期水平，即与天然气管道成本相当时，尽管输氢的平准化成本仍然高于输电，但由于提高了系统的灵活调节能力和新能源利用率，电–氢协同的系统性价值有所体现，相比仅有输电的情况，系统总体用能成本有所降低。如果输氢管道建设成本能够进一步降低，东部的氢能需求将更多地由直接输氢来满足，系统成本进一步降低。两种方案的总投资成本对比如表 4.4 所示。

表 4.4　各方案不同设备投资成本对比

设备		技术延续方案	技术进步方案
发电设备（亿元）	风电	390.9	388.4
	光伏	196.8	199.5
	光热	1258.0	1255.5
储能设备（亿元）	电储能	137.6	137.2
	储氢	126.1	118.6
制氢设备（亿元）	电解槽	169.0	172.6
传输设备（亿元）	特高压直流	99.5	86.2
	输氢管道	0	5.9
总计（亿元）		2377.9	2363.9
综合用能成本（元/kWh）		0.579	0.576

4.2.3　不同场景对比

上节研究了典型大容量、远距离、跨区能源输送场景下电–氢协同系统的输电输氢优化问题。实际上，在不同情况下能源生产与能源需求之间的输送距离和规模存在很大差异，例如城际间的距离为 100～200km，输氢规模在数亿或数十亿立方米左右；跨区输送场景距离为 1000～3000km，输氢规模可达百亿立方米级；国际输送场景距离可能超过 5000km，输氢规模可达千亿立方米以上。不同的输送场景直接决定了输电和输氢技术形式的选择，同时也影响电–氢协同系统中二者的比例关系。即使在同一场景中，由于输氢和输电技术的特性有所区别，最优的配比方案也会随着距离和规模的变化有所不同。

本节根据电–氢协同系统优化模型，对比不同输送场景中输电与输氢的最优比例关系，研究输送距离与规模对能源输送技术选择的影响，各类输氢技术的成本取前节中方案水平。结果表明，电–氢零碳能源系统中的氢能配置需要根据输送距离、输送规模选择不同的解决方案。各种主要场景下输电输氢的优化配比如图 4.12 所示。

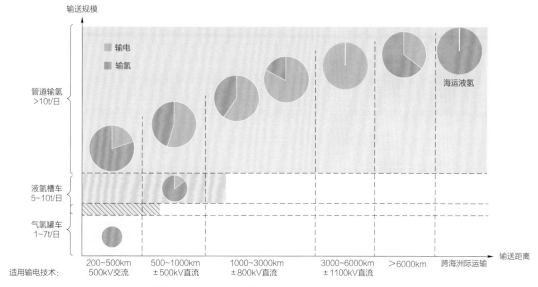

图 4.12　不同场景下的最优绿氢配置方案

输送距离 100～200km 时，输电技术适合选择 500（330）kV 交流；输氢技术根据输送规模由小到大依次可选择长管拖车（高压气氢）、液氢槽车和输氢管道。在输送规模小（不足 5t/日）时，长管拖车输氢具有配置灵活、相对输电线路和输氢管道总投资更低等优点，是较好的选择；在输送规模较大时，交流输电为主、管道输氢为辅是最优的方案，如果利用已有交流电网的富余输电能力，输电的成本优势更加明显。

输送距离 200～1000km 时，输电技术适合选择 ±500kV 直流，输氢技术可选择液氢槽车或管道输氢。在输送规模较小（不足 10t/日）时，适合选择液氢槽车输氢；在输送规模较大时，应采取直流输电和管道输氢并举，随着距离的增加，输电较输氢的成本优势也在增加。主要原因是直流输电工程两端换流站投资成本较高，随输送距离的增加，其在总投资中的占比将被摊薄，而管道输氢投资成本几乎与输送距离线性相关，因此输电与输氢的平准化成本会随输送距离的变化呈现不同趋势。

输送距离 1000～6000km 时，输电技术可选择 ±800kV 或 ±1100kV 特高压直流，输氢技术适合选择管道输氢。随着距离的增加，输电的平准化成本不断摊薄，相对管道输氢的经济性优势有所提高，增加输电的比例有助于降低系统总体成本。

输送距离超过 6000km 时，基于现有技术的单一输电工程难以实现，需要采用特高压多端直流或"网对网"互联等形式，增加换流站数量，以中继的形式增加输电距离。这使得输电工程的成本升高，管道输氢的经济性优势得以发挥。如果跨海输送，海底电缆和输氢管道的建设成本都远高于陆地，而航运成本对输送距离不敏感，因此，跨海的氢能配置将主要以液氢或者液氨、载氢液体有机化合物等形式海运输送。

专栏 4.1　　　借助天然气管道输氢

除直接输氢和输电制氢以外，利用大型天然气输送管道掺氢混输或输送天然气到用能中心后热重整制氢并采用 CCS 技术对副产二氧化碳进行捕集和存储（即蓝氢），也是实现能源大规模、远距离输送并满足用氢需求的一种可行技术路线。

以西气东输二线为例进行测算，天然气通过管道输送到东部后，天然气成本约为 3.4 元/m³，用于热重整制氢并捕集存储二氧化碳，蓝氢的平准化成本约为 1.93 元/m³；在西部利用清洁能源发电制氢并掺入天然气管道后输送至东部的绿氢成本约为 1.9 元/m³。输天然气+制蓝氢成本与制绿氢+天然气管道掺氢运输成本相当，两条路线示意图如专栏 4.1 图所示。

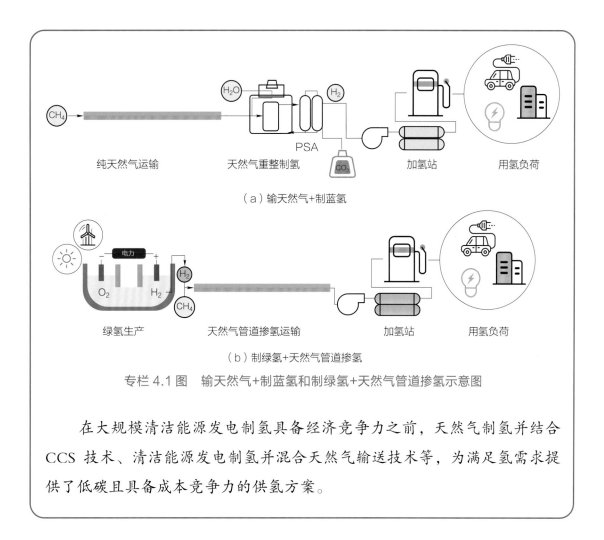

纯天然气运输　　　天然气重整制氢　　　　加氢站　　　用氢负荷

（a）输天然气+制蓝氢

绿氢生产　　　天然气管道掺氢运输　　　加氢站　　　用氢负荷

（b）制绿氢+天然气管道掺氢

专栏 4.1 图　输天然气+制蓝氢和制绿氢+天然气管道掺氢示意图

在大规模清洁能源发电制氢具备经济竞争力之前，天然气制氢并结合 CCS 技术、清洁能源发电制氢并混合天然气输送技术等，为满足氢需求提供了低碳且具备成本竞争力的供氢方案。

4.3　中国绿氢配置研究

根据前述研究结果，基于电氢耦合能源系统模型可以统筹考虑传统用电需求、绿氢需求以及可再生能源资源情况等多重因素，提出系统用能成本最低的电—氢协同配置方案。本节以前文的"电能替代"情景作为对照情景，研究中国 2060 年满足绿氢需求的新能源开发、电力流、管道输氢规模的优化布局和配置方案，分析绿氢配置对电力规划的影响，量化测算电—氢协同零碳能源系统的综合用能成本。

4.3.1　对照情景

报告采用"电能替代"情景作为对照。在此情景下，预计到 2060 年，全社会用电量达到 14 万亿 kWh，清洁能源发电装机容量超过 60 亿 kW，占比 95%。为满足系统灵活性调节和保障供电可靠性，短时储能装机容量 8.7 亿 kW（含抽水蓄能 1.8 亿 kW），长期储能装机容量 2300 万 kW❶。全国形成以特高压电网为骨干网架、各级电网协调发展的能源配置平台，以大电网互联转变能源配置方式，加强中国与周边国家互联互通，促进清洁能源大规模开发和消纳，加快电网智能互动发展，实现多能互补和优化配置。全国划分为东北、华北、西北、西南、华中、华东、南方等 7 个区域，预计到 2060 年，跨区跨省电力流 8.3 亿 kW，其中跨区电力流约 6 亿 kW，形成"西电东送、北电南供、跨国互联"的能源发展格局，如图 4.13 和表 4.5 所示。

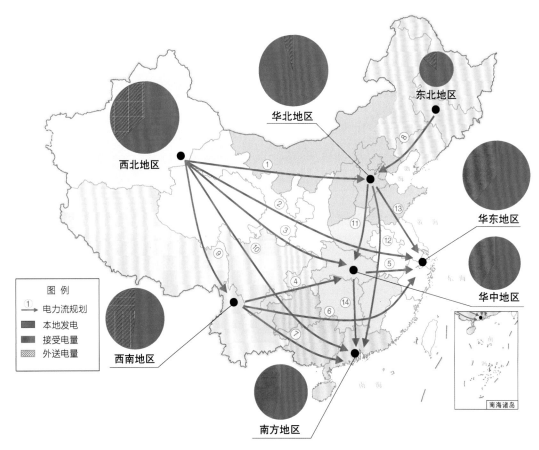

图 4.13　中国 2060 年跨区电力流示意图

❶ 短时储能按持续放电时间 6h 考虑，长期储能按持续放电时间 720h 考虑。

表 4.5　中国 2060 年跨区电力流

电力流	容量（万 kW）	电量（亿 kWh）
①	1700	890
②	7200	5200
③	8900	5100
④	2900	2200
⑤	1000	400
⑥	3800	2900
⑦	8400	6900
⑧	2700	1300
⑨	5780	410
⑩	3600	1800
⑪	1500	320
⑫	1600	430
⑬	6900	2700
⑭	70	20

4.3.2　绿氢配置研究

在"电能+氢能"场景即中国能源互联网场景下，根据绿氢需求预测、开发潜力以及开发成本分布情况，基于电-氢协同优化配置模型，研究 2060 年中国绿氢的总体配置方案。预计 2060 年绿氢需求量 7500 万 t，以绿电制氢效率 90% 计，制氢电量需求约为 3 万亿 kWh，全社会用电量需求合计将达到 17 万亿 kWh，电气化率达到 66%。

根据满足绿氢需求的不同方式，报告共设置 4 种模式进行对比：就地制氢模式、独立氢网模式、输电代输氢模式和电-氢协同模式。

1. 就地制氢模式

七大区域的绿氢需求全部由本地绿电制氢满足。根据清洁能源资源情况，在当地按照开发成本由低到高的原则，逐级开发不同成本的清洁能源资源，配套电制氢设备，不增加跨区域输电线路，也不新建输氢管道。

结果显示，相比于对照情景，全国七个区域的风电、光伏装机分别新增 4.1 亿 kW 和 13.3 亿 kW，达到 23.2 亿 kW 和 38.2 亿 kW；短时储能减少 1.17 亿 kW，长期储能减少 2340 万 kW；各区域电制氢设备功率共 9.4 亿 kW，储氢容量 460 万 t。绿氢的生产与配置基础设施总投资约为 7.3 万亿元，绿氢平准化成本约为 10.9 元/kg，如果考虑减少储能装机的综合系统效益，绿氢成本约为 9.4 元/kg。

2. 独立氢网模式

东中部地区在本地绿电制氢基础上，按照综合"制氢+输氢"成本优化布局制氢资源，西部制取且需要在东部消费的绿氢，全部通过管道输氢方式完成资源配置。各地区需要新增的清洁能源电源、制氢设备以及输氢管道的运能根据模型优化计算结果确定。

结果显示，相比于对照情景，全国七个区域的风电、光伏装机分别新增 5 亿 kW 和 8.2 亿 kW，达到 24.1 亿 kW 和 33.1 亿 kW；短时储能减少 1.15 亿 kW，长期储能减少 2340 万 kW；各区域电制氢设备功率共 8.4 亿 kW，储氢容量 480 万 t。为满足绿氢广域配置需求，新建西北—华中、西北—华东、西南—南方、西南—华中等 4 条输氢管道，总运能 1730 亿 m^3，年输氢量约 1610 亿 m^3（约合 5850 亿 kWh）。绿氢的生产与配置基础设施总投资约为 7 万亿元，绿氢平准化成本约为 10.6 元/kg，如果考虑减少储能装机的综合系统效益，绿氢成本为 9.1 元/kg。

3. 输电代输氢模式

东中部地区在本地绿电制氢基础上，不足部分的绿氢通过特高压输电通道从清洁能源资源条件更好的西部地区受入绿电，在当地制氢。各地区需要新增的清洁能源电源、制氢设备以及新增输电通道的容量根据模型的优化计算结果确定。

结果显示，相比于对照情景，全国七个区域的风电、光伏装机分别新增 5 亿 kW 和 9.9 亿 kW，达到 24.1 亿 kW 和 34.8 亿 kW；短时储能减少 1.4 亿 kW，长期储能减少 2340 万 kW；各区域电制氢设备功率共 8.5 亿 kW，储氢容量 171 万 t。为满足绿氢广域配置需求，新增输电通道容量 1.3 亿 kW，年新增跨区输电量 1.2 万亿 kWh。绿氢的生产与配置基础设施总投资约为 6.3 万亿元，绿氢平准化成本约为 9.5 元/kg，如果考虑减少储能装机的综合系统效益，绿氢成本为 7.7 元/kg。

4. 电-氢协同模式

东中部地区在本地绿电制氢基础上，不足部分的绿氢需求按照经济最优原则，既可以直接输氢，也可以选择输电代输氢。各地区需要新增的清洁能源电源、制氢设备以及新增输电通道的容量、输氢管道的运能根据模型的优化计算结果确定。

结果显示，相比于对照情景，全国七个区域的风电、光伏装机分别新增 4.8 亿 kW 和 8.2 亿 kW，达到 23.9 亿 kW 和 33.1 亿 kW；短时储能减少 1.4 亿 kW，长期储能减少 2340 万 kW；各区域电制氢设备功率共 8.4 亿 kW，储氢容量 175 万 t。为满足绿氢广域配置需求，新增输电通道容量 0.9 亿 kW，年新增跨区输电量 1.1 万亿 kWh（其中新建通道输电量 7100 亿 kWh）；新建西北—华中、西南—南方、西北—华东 3 条输氢管道，总运能约 1000 亿 m³，年输氢量约 850 亿 m³（约合 3100 亿 kWh）。绿氢的生产与配置基础设施总投资约为 6.2 万亿元, 绿氢平准化成本约为 9.3 元/kg, 如果考虑减少储能装机的效益, 绿氢成本为 7.6 元/kg。具体数据见表 4.6。

表 4.6 四种模式优化结果对比

项目		对照场景	电能+氢能场景			
			就地制氢	独立氢网	输电代输氢	电氢协同
新能源装机容量	风电（亿 kW）	19.1	23.2	24.1	24.1	23.9
	利用小时（h）	2462	2567	2617	2608	2624
	光伏（亿 kW）	24.9	38.2	33.1	34.8	33.1
	利用小时（h）	1498	1384	1483	1463	1489
储能装机容量（亿 kW）	短时储能（含抽水蓄能）	8.74	7.58	7.60	7.35	7.35
	长期储能	0.23	0	0	0	0
制氢设备	设备容量（亿 kW）	—	9.4	8.4	8.5	8.4
	利用小时（h）	—	2836	3171	3116	3176
储氢设备容量（万 t）		—	460	540	170	175
输送通道	跨区输电规模（亿 kW）	5.6	5.6	5.6	6.9	6.5
	新增输电容量（亿 kW）	—	—	—	1.3	0.93
	输电通道利用小时（h）	5480	6298	6359	6555	6553
	氢网运能（亿 m³）	—	—	1730	—	1000
	输氢管道利用率（%）	—	—	93	—	85
绿氢基础设施投资（亿元）		—	72590	70140	62950	61880
绿氢平准化成本（元/kg）		—	10.93	10.56	9.48	9.32

综上四种配置方案, 相比对照情景, 都充分发挥了制氢设备作为灵活调节负荷的作用, 有效提高了风电、光伏发电设备和输电设备的利用效率, 降低了电力系统对储能的需求。在这四种方案中, 电–氢协同配置方案更好地

发挥了绿电与绿氢开发同源、应用互补、便于转化的耦合关系，充分利用电力系统设施，相应的制氢、储氢和输氢基础设施投入最小，绿氢的平准化成本最低。

具体来看，相比于对照场景，电-氢协同配置模式下，55%新增风电、光伏装机分布在华北、华东、华中和南方等受端地区，用于在当地直接发电制氢；45%新增装机分布在西北、西南和东北等送端地区，在满足当地用氢需求基础上，通过管道输氢或"输电代输氢"的方式，将绿氢输送至中东部。新增输电通道约9300万kW，相当于新建10~12条±800kV的特高压直流输电工程；新增输氢管道3条，西北—华中管道年输送能力达到450亿m^3，西南—南方管道年输送能力达到290亿m^3，西北—华东管道年输送能力达到260亿m^3。氢能配置情况如图4.14和表4.7所示。

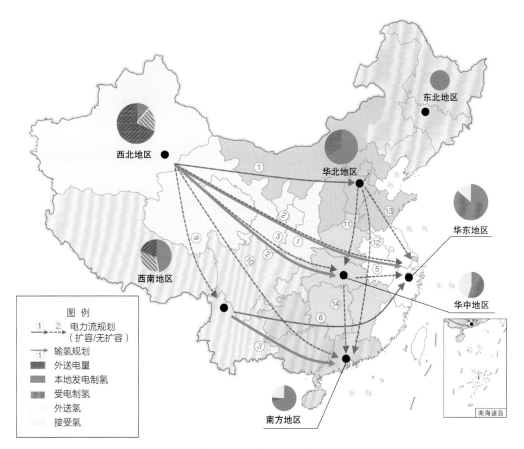

图 4.14 中国 2060 年跨区氢能配置示意图

表 4.7　中国 2060 年新增跨区电力流和氢流

电力流	新增容量 （万 kW）	新增电量 （亿 kWh）
①	3400	3000
②	0	600
③	0	1700
⑤	0	250
⑥	5800	4500
⑨	0	1800
⑩	0	550
⑪	0	220
⑫	0	150
⑬	0	350
⑭	0	10

氢流	输氢量 （万 t）	折合电量 （亿 kWh）
①	240	1050
②	400	1800
③	140	620

　　总体来看，各区域内利用可再生能源发电就地制氢并利用总量为 4000 万 t，跨区输氢总量 3500 万 t（占总需求的 45%），其中直接管道输氢 780 万 t，输电代输氢 1.1 万亿 kWh（相当于 2700 万 t 氢，占总输送量的 75% 左右）。

4.3.3　电-氢协同零碳能源系统

　　电-氢协同优化配置将电和氢两种能源形式紧密耦合，形成电-氢协同的零碳能源系统。电-氢协同的零碳能源系统以风、光等可再生作为能源供应主体，通过发电、电制氢等技术将可再生能源转化为可以直接利用的电、氢等能源品种，再通过输电、输氢等技术将能源输送至用能中心，辅以储电和储氢满足终端用电和用氢的需求。电–氢协同配置，在能源开发侧提高风能、太阳能等可再生能源的利用效率；在储能侧为系统提供低成本的灵活性调节资源，降低系统对储能设备的需求；在输送侧减少基础设施投资，提高输电、输氢设备利用效率；在用能侧满足不同能源需求，降低总体用能成本。

从计算结果来看，相比没有绿氢需求的对照情景，全国弃风弃光率从 9.6% 降至 4%，电制氢设备的广泛应用可以替代短时储能约 1.4 亿 kW，替代长期储能 2340 万 kW，输电通道利用小时从 5500h 提升至 6500h，输氢管道利用率可以达到 85% 左右。相比就地制氢模式，能源系统总体投资可节省 1 万亿元，绿氢平准化成本降低约 15%。2060 年中国电氢协同配置情况如图 4.15 和表 4.8 所示。

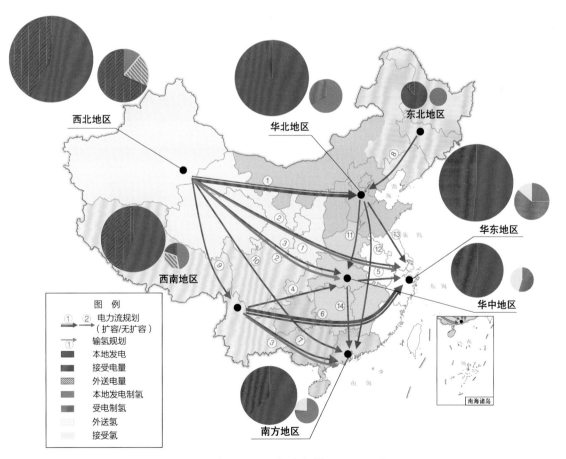

图 4.15　中国 2060 年电氢协同配置示意图

表 4.8　中国 2060 年电氢协同配置结果

电力流	容量（万 kW）	电量（亿 kWh）
①	5100	3900
②	7200	5800
③	8900	6800
④	2900	2200
⑤	1000	650
⑥	9600	7400
⑦	8400	6900
⑧	2700	1300
⑨	5780	2200
⑩	3600	2350
⑪	1500	540
⑫	1600	570
⑬	6900	3050
⑭	70	30
氢流	输氢量（万 t）	折合电量（亿 kWh）
①	240	1050
②	400	1800
③	140	620

　　电-氢协同的零碳能源系统充分发挥氢易于大规模存储的优点和电能易于传输的特点。由于新能源具有波动性和间歇性，以新能源为主体的新型电力系统需要配置大量储能来解决电力供需的不平衡问题。电力系统中常见的储能方式主要包括抽水蓄能和电化学储能等，抽水蓄能的站址资源有限，电化学储能相对成本较高，并且二者存储的能量有限，均不宜作为长期储能使用，难以解决跨季节的电量不平衡问题[1]。氢是具有实体的物质，相对于电，更容易实现长时间、大容量的存储，但各种直接输氢方式都存在传输能量密度低、速度慢、成本高的缺

---

[1]　全球能源互联网发展合作组织. 大规模储能技术发展路线图. 北京：中国电力出版社，2020。

点。电-氢协同配置，既可充分发挥氢能对电力系统供需矛盾的缓冲作用，又利用成熟经济的输电技术实现氢能的输送，对于能源体系清洁转型、全社会碳中和，具有重要意义。

4.4　综合价值

4.4.1　灵活性价值

绿电与绿氢之间的相互耦合可明显提高能源系统的灵活性。在**短时间尺度（小时级到日级）**上，电制氢是灵活的柔性负荷，既能与传统用电负荷互补，降低峰谷差，也能与波动性新能源发电较好匹配，显著提高新能源利用率。以西北和华东为例，在送端电制氢负荷与新能源出力同向变化，当新能源大发时，制氢用电明显增加，促进新能源消纳；在受端电制氢负荷与净负荷❶反向变化，降低系统波动。典型周西北、华东电力平衡情况如图 4.16 所示。

从量化计算结果来看，2060 年，由于发展绿氢产业可减少电力系统短时储能需求 1.15 亿～1.4 亿 kW，可节省系统短时灵活性资源投资 7400 亿～8900 亿元。

在**长时间尺度（月、季度）**上，可以借助绿氢产业链自身需要的储氢设备能力，实现风光等新能源的跨季节大规模存储，高比例新能源电力系统的季节性波动可得到有效平抑。从全国来看，春季新能源大发但传统用电负荷水平较低，富余电力生产绿氢并存储，有效减少弃风弃光；入夏后用电负荷增大，新能源发电主要满足用电需求，绿氢生产适度减少，存储的绿氢逐步投入市场满足氢消费需求。冬夏两个用电高峰时期，存储的一部分绿氢还可以根据电力系统平衡要求参与发电，进一步提升系统实时电力平衡能力。全国全年电力平衡及储氢变化情况如图 4.17 所示。

---

❶ 净负荷（net load）指用电负荷减去风电、光伏等不可控新能源出力的净值。

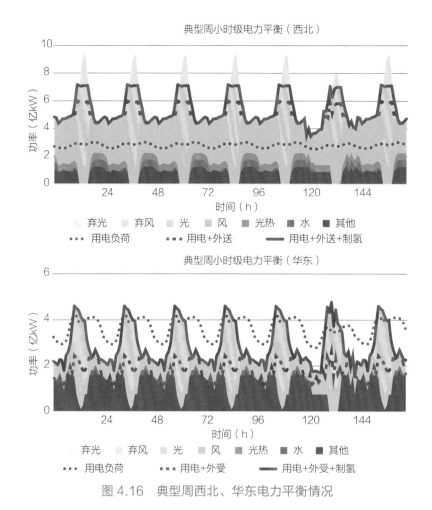

图 4.16 典型周西北、华东电力平衡情况

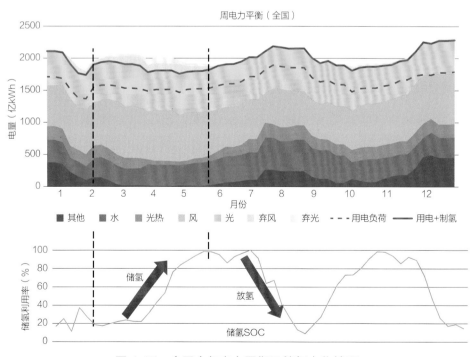

图 4.17 全国全年电力平衡及储氢变化情况

从量化计算结果来看，2060 年，充分利用绿氢产业的储氢能力，可减少电力系统长时储能需求 2340 万 kW，可节省系统长期灵活性资源投资约 2500 亿元。

4.4.2　电力供应保障价值

氢能以气态、液态、化合物等多种方式实现大容量储存，利用电-氢双向转换的特点，既可以作为灵活负荷为系统提供调节能力，又可以在必要的情况下通过氢发电设备为系统提供电源支撑，在源荷双侧有效提升电网韧性。特别是在电力系统遭遇连续多日无风无光天气时，氢发电可以有效提高保障电力安全供应的能力。

受极端天气影响，国内外多地已频繁报道了用电负荷升高、系统供电能力不足的情况。在风光等新能源成为主体电源的情况下，极热无风、极寒无光、长时无风或阴雨等情况将对系统产生越来越大的影响。各类气象情况不仅可以通过空调、电热设备推高用电需求，同时也存在电源出力大幅下降甚至无电可用的供电风险。利用电-氢的双向转换，氢燃气轮机、燃料电池在源侧，电制氢设备在荷侧，对电力平衡进行双向调节，保障电力供需平衡。

以华东区域为例，梅雨季节风速和光照强度普遍偏小，根据当地 35 个气象观测站 1980—2020 年 40 年的历史监测数据统计，1 天风光出力极低（当日连续 20h 风电出力小于 10%，光伏日累计电量小于当地晴天的 20%）的天气情况出现了 371 次。连续 3 天风光出力极低的天气情况出现了 62 次，相当于这种天气情况每年会遇到 1.5 次以上。在 40 年的监测数据中，华东区域出现连续风光出力极低天气情况的最大天数为 10 天，共计出现 1 次。华东区域 40 年监测数据中连续风光出力极低天气情况统计结果见图 4.18。

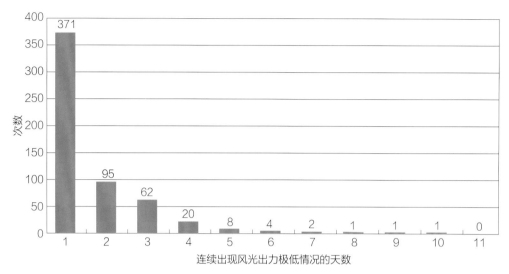

图 4.18　华东区域连续风光出力极低天气情况统计结果

　　根据模型测算，在 2060 年系统电源结构下，若遭遇这种连续阴雨无风天气过程，特别是夜间完全没有光伏出力，即使水电、核电、天然气、生物质及其他可调节电源全部满发后仍无法满足用电需求。一方面，在负荷侧电制氢设备全部停产，降低用电需求；另一方面，氢发电（含燃氢轮机与燃料电池）设备启动参与电网供电，最大出力达到额定功率 7000 万 kW，补足系统电量缺口，同时配合新型储能，满足短时（4~6h）的高峰电力供应。当风、光出力恢复后，氢发电设备停机，电制氢恢复生产。遭遇连续阴雨无风天气过程的华东区域电力平衡情况如图 4.19 所示，相应的风、光、氢（氢发电为正、制氢为负）的功率变化情况如图 4.20 所示。

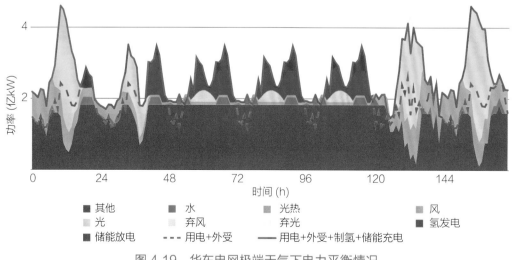

图 4.19　华东电网极端天气下电力平衡情况

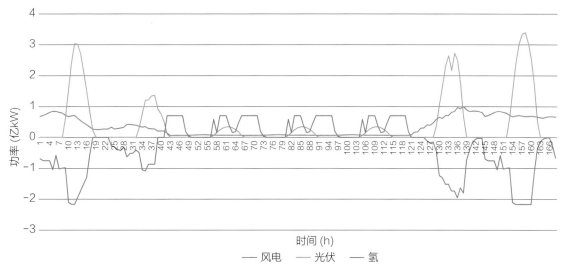

图 4.20　华东电网极端天气下风、光、氢的功率变化情况

4.4.3　系统安全性价值

伴随着能源转型的不断深入，电力系统"三高"特征愈发明显，即高比例新能源发电、高度电力电子化和高送受电占比，多种稳定问题交织，对电力系统安全运行提出了更高要求。**同步稳定方面**，新能源接入电压支撑较弱、短路比不足的交流系统，锁相同步困难；大容量直流故障影响薄弱交流断面，导致同步稳定问题。**电压稳定方面**，新能源调压能力较弱，大规模新能源并网地区电压控制困难；高比例受电地区动态无功支撑能力不足，系统电压调节能力不足，面临电压失稳风险。**频率稳定方面**，新能源机组高、低电压穿越能力不足，系统故障时可导致大量联锁脱网，加大故障冲击，系统安全面临频率失稳风险。此外，电力电子装置的多时间尺度响应特性，带来宽频振荡等新稳定问题。上述问题在用电需求大、受电比例高的中东部地区尤为明显，随着火电机组的逐渐被新能源替代，本地支撑性电源越来越少，当地电网逐渐"空心化"。

氢燃气轮机属于同步发电机组，可以有效提升系统转动惯量、动态无功支撑能力。在中东部地区布局氢燃气轮机，可作为防止受端电网"空心化"现象的重要手段之一，对系统安全稳定具有重要意义。以中东部某地为例，在新能源占比较高、当地支撑电源较少的情况下，系统暂态电压稳定水平不足，严重

4.4　综合价值

故障下电压跌落后恢复缓慢或难以恢复，如果近区有直流落点，可能会导致直流连续换相失败，吸收大量无功，会进一步恶化暂态电压水平。当配置一定数量氢燃气轮机后，严重故障下电压跌落后可以迅速恢复至正常水平，系统稳定性得到明显提升，如图 4.21 所示。

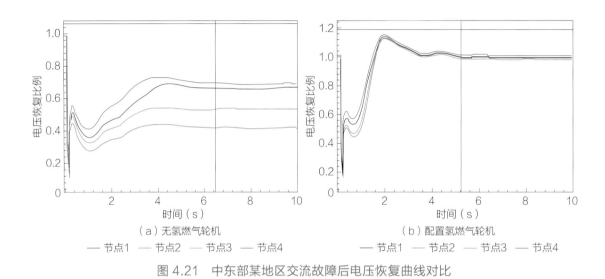

图 4.21　中东部某地区交流故障后电压恢复曲线对比

4.4.4　减排价值

电–氢协同的零碳能源系统为绿氢的开发应用创造了条件，将推动全社会深度脱碳。相比仅电能替代情景，电能+氢能情景实现了电与氢的协同优化，绿氢在清洁能源和难以直接用电的终端用能领域之间发挥了关键的纽带作用，促进了化工、冶金等非电用能领域的深度脱碳。在全社会实现碳中和的进程中，绿氢将发挥"最后一公里"的作用。根据测算，到 2050 年，中国绿氢需求将达到 6100 万 t，在终端应用能够减少煤、油、气等化石能源用量达到 2.7 亿 t 标准煤，降低碳排放 5.1 亿 t，相当于能源活动碳排放的近 20%。到 2060 年，中国绿氢需求达到 7500 万 t，在终端应用能够减少化石能源用量 3.9 亿 t 标准煤，降低碳排放 6.2 亿 t，相当于能源活动碳排放的约 40%。

4.5 氢发电与绿能中心

煤电是能源行业碳排放的主要来源之一。截至 2020 年年底，中国的煤电装机、发电量分别占全国电源总装机、总发电量的 49%、61%，排放了约 40% 的二氧化碳，同时还排放了约 15% 的二氧化硫、10% 的氮氧化物以及大量烟尘、粉尘、炉渣、粉煤灰等污染物。随着低碳发展的需要和能源转型的深入，燃煤电厂的退出、转型迫在眉睫。

电-氢协同的城市绿能中心是中东部煤电零碳清洁转型的可选技术路径。电-氢协同可以实现两种能源载体共同优化配置，未来在东中部用能中心，同时提供电和氢的绿能中心将逐渐取代电厂作为当地能源供应的主要基础设施。随着全社会碳中和的不断推进，城市周边的燃煤电厂将逐步减退，将燃煤电厂改造成为制氢、储氢、氢发电、配氢、配电于一体的绿能中心，可以充分利用原有占地和电网接入设施，成为以电-氢联合配置理念落地实施的具体方式。改造后的城市绿能中心可为电力系统提供长周期（月级）调节能力和保障能力，是煤电退出后用能中心应对极端天气等特殊情况的战略性支撑电源。

以安徽省某装机容量为 2400MW 的燃煤电厂为例，总占地 500 亩（1 亩=666.67m^2）。改造后，原燃煤电厂用地根据当地用氢、用电需求，改造为集制氢、储氢、氢发电、配氢、配电于一体的城市绿能中心，主要分为制氢、储氢、氢发电三大模块。制氢模块，配置 440 台 1000m^3/h（标况，H$_2$）的电解槽（单台功率 5MW）以及相应的氢气纯化装置，装机容量共 2200MW。制氢系统利用外受清洁电力制氢，占地 60 亩，投资 44 亿元。储氢模块，配置 3 万 t 储氢装置，占氢产量的 20%。储氢设备采用高压气氢储罐，总罐容 100 万 m^3，地质条件允许的地区也可采用地下盐穴建设大型气氢储库。储氢系统主要满足氢供应链需求，同时提供 300h 持续满功率发电能力，占地 80 亩，投资 75 亿元。氢发电模块，配置 4×600MW 的氢燃气轮机发电机组，与原燃煤电厂发电能力相当，同时提供相当于原煤电机组 1.5 倍的灵活调节能力。氢发电系统占地

360 亩，投资 72 亿元。各模块之间通过低压（4MPa）输氢管道实现氢气输送。上述制氢、储氢、氢发电三大模块共占地 500 亩，无须额外占地即可实现原燃煤电厂向城市绿能中心的转型和改造。改造后的绿能中心具有同等发电能力和 15 万 t/年的供氢能力，可满足当地氢需求、电网调峰需求，共计投资约 190 亿元。城市绿能中心示意图如图 4.22 所示。

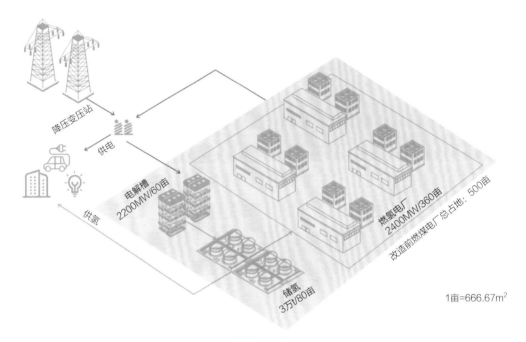

图 4.22　城市绿能中心示意图

与原燃煤电厂相比，绿能中心需要在改造过程中重点关注 NO_x 排放、空间、管道输氢、氢安全等技术问题。

NO_x 排放方面，由于氢气的火焰温度较高，纯氢燃气轮机可能会带来较高的 NO_x 排放，需要加装尾气处理装置。

空间问题方面，储氢模块为系统提供了缓冲，对于防止氢供应中断和保证系统连续运行是必要的。由于储氢罐周围需要安全区，这将影响一般的电厂布局并需要额外的空间。此外，由于氢气体积能量密度相对较低（为天然气的三分之一），需要设计大直径的管道以适应更高的体积流量并防止氢脆。

管道输氢方面，低压输氢一般不会产生氢脆等问题，但高温条件下，如需对氢气进行预热以提高性能时，可能导致氢分子的泄漏，这要求采用新型燃料辅助管道和阀门以预防氢脆、氢泄漏等问题。

氢安全方面，虽然在工业上使用氢气和采用大型专用分配管道输氢已有几十年的经验，但目前尚无燃氢轮机相关的运行氢气标准。氢分子极小，易扩散到常规的钢铁材料中，增加失效的风险；与天然气等大分子相比，小尺寸的氢分子也更容易通过密封件和连接器逸出。此外，氢火焰的光度很低，难以被肉眼察觉。氢的这些特性要求采取严格的安全措施，如改进密封、连接部件，为氢火焰配置专门的火焰检测系统、改进通风系统等。

4.6 小结

清洁能源生产与消费之间的逆向分布，客观上需要对绿氢进行远距离、大规模的输送。西部地区可再生能源资源丰富，绿氢制备成本约为东中部地区的50%，解决好绿氢的输送问题，是促进绿氢广泛应用、加快全社会实现碳中和的重要基础。

远距离、大规模输送场景下，输电代输氢的经济性更好。按照现有技术水平，采用设计运能 120 亿 m^3/年的管道输氢（2000km），成本约为 0.35 元/m^3（单位能量输送成本约合 0.096 元/kWh）。特高压输电技术成熟、经济性好，已经实现大规模的广泛应用，单位能量的输送成本仅为约 0.06 元/kWh。利用特高压输电技术将清洁能源基地生产的电力送至用氢中心周边就地制氢，相比直接输氢更具有经济性优势。

构建电-氢协同的零碳能源系统能够实现绿氢的优化配置。绿氢来源于绿电，二者可以方便地相互转化。直接输氢与输电代输氢方式相结合，能够充分发挥输电技术成熟、经济性好的优势和储氢大规模、长时间的能量存储功能，提高新能源发电、输电和制氢设备的利用效率，降低能源系统总体投资。预计到 2030 年，西部与东中部之间跨区输氢总量 100 万 t，采用输电代输氢方式（500 亿 kWh）。预计到 2060 年，各区域间跨区输氢总量 3500 万 t（约占总需求的 45%），其中直接管道输氢 780 万 t，输电代输氢 1.1 万亿 kWh（相当于 2700 万 t 氢，占总输送量的 75% 以上）。同时，多元化的能源输送方式，与单一的能源输送方式相比，可以提高能源配置的灵活性、可靠性和抗风险能力，有效控制能源系统的安全性风险。

实现电–氢协同配置，管道输氢技术还需进一步成熟。 根据测算结果，当前技术水平下管道输氢成本过高，直接推广应用所付出的代价将高于电–氢协同配置的系统性效益；当输氢管道成本与目前的天然气管道成本相当时，形成以输电代输氢为主，管道输氢为辅的能源配置格局，有助于降低电–氢零碳能源系统的综合用能成本。当前，中国纯氢管道建设和运行经验有限，与成熟的特高压输电技术难以形成技术和经济性竞争优势，但从未来长远的电–氢协同系统配置格局要求来看，应尽早开展远距离、大容量纯氢输送管道示范工程的建设，提升工程技术水平和成熟度，降低工程造价，早日形成全国绿氢配置就地制备利用与大范围优化相结合的格局。

5 结论与展望

绿氢与绿电开发同源、应用互补、配置协同，可共同构成清洁零碳、电为中心、灵活高效、互联互通的满足不同用能需求的零碳能源体系。绿氢来自绿电，相当于"三次能源"，也可以通过燃料电池或氢燃气轮机进行发电，相比其他能源，氢能更容易实现与电能的双向转化。成熟完备的绿氢制备、应用和配置体系需要建立在经济、高效的电力系统基础之上，实现电与氢的优势互补，形成电为中心的零碳能源服务体系。

5.1 关键技术展望

可再生能源电解水制备绿氢将成为主流制氢方式。预计到 2030 年，高效大功率碱性电解技术和低成本质子交换膜电解技术取得突破，电制氢效率上升至 80%左右，制氢系统成本下降至 3000 元/kW，同时中国光伏和陆上风电的度电成本将分别降至 0.15 元/kWh 和 0.25 元/kWh，绿氢成本降至 15～20 元/kg，相比蓝氢具备一定经济性，开始商业推广；到 2050 年，高效长寿命高温固体氧化物电解槽等新型电制氢技术取得突破，电制氢效率上升至 90%左右，制氢系统成本下降至 2000 元/kW，同时可再生能源发电成本降至 0.1～0.17 元/kWh，绿氢成本降至 7～11 元/kg，成为主流制氢方式。

气态储氢、液态储氢技术较为成熟，材料储氢有待突破。20MPa 左右的气态储氢技术已经成熟，更高压力（70MPa）下的气态储氢还需改进材料和工艺，降低成本。大规模固定式储氢预计将采用高压气态储氢的形式，存储压力在 15～50MPa，当前储氢设备建设成本在 1000 元/kg 氢气左右。预计到 2030 年，碳纤维缠绕高压氢瓶制造技术进一步成熟，储氢设备成本将下降至 500～800 元/kg；到 2050、2060 年有望进一步下降至 300、250 元/kg 左右。小规模储氢将采用全复合轻质纤维缠绕储罐，压力 35MPa 或 70MPa。预计到 2030 年，

70MPa 全复合轻质纤维缠绕储罐技术成熟，成本下降至 3500 元/kg；到 2050、2060 年进一步下降至 2000、1500 元/kg。液态储氢技术成熟，但能耗较高；材料储氢（包括金属合金、氨、有机化合物等）不同技术路线各有利弊，总体看能耗高、提纯困难。

各类输氢技术适用场景不同，应根据具体情况选择合适的技术。中小规模场景，近距离（＜300km）以气氢罐车为主，单位输氢成本在 3～6 元/kg；中距离（300～100km）以液氢槽车为主，单位输氢成本在 5～10 元/kg。大规模场景，将以输电代输氢和管道输氢相结合。当前输氢管道投资成本为天然气管道的 1.5 倍左右，预计到 2030 年，纯氢管道制造技术、减压和调压技术成熟，大规模输氢管道建设成本将下降至 1350 万元/km，与当前天然气管道成本相当，输氢管道千千米网损（含气体损失及能耗）控制在 1%左右，单位输氢成本在 2.7 元/kg；到 2050 年，纤维增强聚合物复合材料等新型输氢管道实现商业应用，输氢管道千千米网损控制在 0.3%～0.5%，单位输氢成本在 2 元/kg 左右；到 2060 年，随着输氢管道技术进一步成熟，输氢管道千千米网损有望进一步下降至 0.1%～0.2%，达到当前天然气管道水平，单位输氢成本达到 2 元/kg 以下。

工业、交通、发电等领域的绿氢应用技术将快速成熟进步。当前氢多用于化工领域，且以灰氢为主，未来绿氢将成为冶金、航空、工业高品质热等行业脱碳和间接电能替代的重要技术手段。建筑领域受制于安全性、效率、成本等原因，未来应用潜力较小。预计到 2030 年，燃料电池技术基本成熟，绿氢重卡、公交车和分布式氢发电逐步推广应用；绿氢炼铁技术逐渐完善，具备商业推广条件；随着绿氢成本的下降，绿氢制氨具备经济性优势，绿氢制甲醇、甲烷具备示范条件。预计到 2035 年左右，纯氢燃气轮机技术成熟，氢燃机发电开始逐步商业应用。2050 年，绿氢制甲醇、甲烷等电制燃料和原材料技术成熟，具备经济优势。

5.2 绿氢需求展望

绿氢应用是绿电应用的延伸，也是实现冶金、航空、工业高品质热等行业间接电能替代的重要途径。预计未来十年内，中国绿氢需求逐渐增加，到 2030 年，绿氢需求约 **400 万 t**。2050 年，中国绿氢需求快速增长至 **6100 万 t**。其中，电制原材料、冶金等新型工业用氢共计 3600 万 t，大型乘用车、重卡等交通用氢 1550 万 t，发电、建筑行业用氢共 950 万 t。2060 年，中国绿氢需求达到 **7500 万 t**，石化等传统工业用氢 2000 万 t，仍由其工业过程氢满足，用氢总量达 9500 万 t。基于中国各省区经济发展模式、产业结构现状，预计到 2050、2060 年，绿氢需求主要集中于中国东中部地区，占全国的 **85%**。考虑碳排放成本后，绿氢代替化石能源在工业、发电、交通等领域应用的经济性优势将加速到来，绿氢需求的启动将提前 3～5 年。

绿氢来自绿电，可开发潜力远超需求，应统筹考虑可再生能源资源禀赋、水源情况、设备利用率等多重因素制定最优的开发方案。基于全球能源互联网发展合作组织关于风、光等可再生能源资源的评估结果，中国绿氢的技术可开发潜力高达 37 亿 t/年。中国绿氢开发潜力主要集中在西北地区，占全国的 50%。随着可再生能源发电成本的下降和电制氢技术的进步，预计到 2030 年，中国平均绿氢制备成本降至 20 元/kg 左右，风光资源较好地区可低至 15～16 元/kg，相比蓝氢初步具备经济性；到 2050 年，绿氢生产成本可降至 7～11 元/kg，2060 年将进一步下降至 6～10 元/kg。西北部分开发条件优异的地区如甘肃酒泉、新疆哈密等将成为中国重要的绿氢制备基地，制氢成本可低至 5～7 元/kg，绿电制氢成为主流制氢方式。

绿氢配置基础设施应与电网协同发展，统筹考虑电-氢零碳能源体系的最优配置格局。资源与需求在空间上的逆向分布，决定了绿氢存在大规模、远距离输送的需求。未来，在西部清洁能源富集地区实现大规模集中开发，在满足当地用电、用氢需求的基础上，富余的清洁能源主要依托"西电东送"通道输送至东中部用能中心，其次制成绿氢并利用输氢（输气）管网外送。预计到 2030 年，西部与东中部之间跨区输氢总量 100 万 t，全部采用输电代输氢方式。预计到 2060 年，中国跨区输氢规模将达到绿氢总需求的 45%，其中直接管道输氢占近 25%，利用特高压电网输电代输氢超过 75%。电-氢零碳能源体系可以充分发挥电能易于传输和氢便于存储的优势，电-氢协同配置将提高系统灵活性和利用效率，降低总体用能成本。

5.3　绿氢产业展望

随深度脱碳需求的增加和绿氢经济性的提升，绿氢将在工业、交通、建筑与发电等领域逐步渗透，预计到 2060 年，绿氢需求将达到 7500 万 t，电制氢设备装机容量有望达到 8 亿 kW 以上，氢燃料电池汽车达到 4000 万辆，氢发电设备装机达到 2 亿 kW。未来四十年，绿氢产业将逐渐经历从无到有、从小到大的发展过程，氢能政策规划、绿氢产业链建设和市场平台等方面都需要相应的配套机制。

5.3.1　政策规划

中国氢能产业顶层设计逐渐清晰，政策规划需要为长期稳健发展打下坚实基础。2006 年，国务院发布的《国家中长期科学和技术发展规划纲要（2006—2020 年）》所确定的发展重点中，"氢能及燃料电池技术"被列为国家重点发展的一种先进能源技术。2020 年 9 月发布的《关于开展燃料电池车示范应用的通知》中提出，氢能源国家补贴从 2020 年 9 月起实施"以奖代补"政策，以新技术示范应用及关键核心技术攻关为导向，推荐氢能基础条件好的城市申报示范城市群，旨在形成布局合理、各有侧重、协同推进的行业发展新模式，保证了补贴有的放矢，有利于真正扶持到技术领先、市场竞争力强的企业。2021 年 9 月中共中央国务院发布的《关于完整准确全面贯彻新发展理念做好碳达峰碳中和工作的意见》中明确提出氢能发展，统筹推进氢能"制储输用"全链条发展，推动加氢站建设，推进可再生能源制氢技术攻关，加强氢能生产、储存、应用关键技术研发、示范和规模化应用。

　　除了国家层面的战略重视之外，全国 31 个省市自治区均发布了氢能产业发展的相关政策。有的地方在《国民经济和社会发展"十四五"规划与 2035 远景目标》等综合性政策规划文件中对氢能发展作出部署和规划，如安徽、湖南、云南、黑龙江、陕西等省；有的地方则在综合性政策规划文件之外，发布了专门的氢能源相关专项政策或规划，如北京、山东、河北、天津、四川、浙江、宁夏等省市；一些省市则通过氢燃料汽车等相关政策规划发布氢能源产业建设目标。

　　氢能产业发展政策框架逐渐完善。主要表现在三个方面：一是发布政策文件的政府部门和机构多，包括财政部、工业和信息化部、科技部、国家发展改革委、司法部、国家能源局、国家关税税则委员会、国家标准化委员会等。很多政策文件都是两个以上的部委局联合制定发布的，这表明氢能产业发展已经上升为国家战略，引起相关部委局的高度重视。二是政策文件涵盖了影响氢能产业的各个方面，既包括氢能产业发展规划与布局，也包括制氢、储氢、燃料电池、加氢站等产业链各环节，还包括氢能技术研发支持重点、氢能支持项目申报流程和评价方法等，使氢能支持政策的系统性和严谨性得到极大改善。三是政策手段以政府规划指导和财政补贴为主，同时也通过推动产业发展技术标准的制定引导产业良性竞争，以及降低部分氢能产业链关键进口零部件关税降低进口成本等方式支持国内氢能设备制造业的发展。到目前为止，中国已经发布实施氢能和燃料电池技术、应用、检测、安全相关的国家标准 80 项，行业标准约 40 项。这些技术规范和标准对氢能和氢燃料电池汽车规范发展起到了积极的推动作用。

　　随绿氢技术日益成熟、成本降低，氢能支持政策应当随市场需求变化进行适应性调整，明确优先顺序。"十四五"中期到 2030 年，低碳清洁制氢项目方兴未艾，市场加速渗透，经济性得到解决，政策需求应侧重于梳理各领域对于绿氢发展的制约条款，充分鼓励各类市场主体扩大技术研发与项目规模，积极探索"碳税"等补充政策，制订标准与规范。2030 年之后，绿氢应用、生产与储运技术逐渐成熟并实现平价，市场规模快速增长，在终端应用领域竞争力不断增强。远期绿氢发展不需要直接政策支持，应综合评估绿氢对碳中和以及相关行业的影响，确保资金高效流动，提升绿色产品的价值认知。

大力发展产业协同战略，加快绿色产业转移。绿氢生产可以有效消纳风电、光伏等可再生电力，实现富余波谷储能，并能推动甲醇、合成氨等产业的绿色健康发展。在能源转型背景下，绿氢将成为氢能市场的主要组成部分。随着新能源发电平价上网、绿氢成本持续下降，政策将侧重于下游产业协同发展，冶金、化工等高耗能企业或生产环节将转移到西北、东北、华北、西南等可再生能源资源丰富的地区。在当地利用沙漠、荒漠、戈壁滩等荒地资源建设大规模"零碳工厂"，通过源网荷储一体化、多能互补配合绿氢生产，有效解决耗能企业的清洁能源供给，同时解决可再生能源大规模消纳存储问题，大力发展绿氢冶金、绿氢化工，助力钢铁、化工等难以减碳行业实现清洁转型。对科研与示范项目提供针对性支持，推动生产企业和技术部门持续在绿氢应用创新方面进行投入；利用灵活多样的政策手段，为氢能应用项目分散风险，提高企业建设示范项目积极性。

积极鼓励电氢协同能源系统建设，解决绿氢输送问题。氢的大规模输送问题是发展绿氢产业的最大瓶颈之一。输电代输氢跳出了直接输送氢本身的约束，为绿氢远距离、大规模配置提出了最佳的解决方案，未来氢基础设施的发展应与电网规划建设协同考虑。通过建设电氢协同的能源输送配置体系，挖掘绿电-绿氢耦合的灵活性价值，能够促进新能源消纳，为电力安全稳定提供安全保障。优先布局天然气管道掺氢运输、大容量管道输氢等基础设施建设和改造，统筹规划设计大规模输电通道与输氢通道，早日形成全国绿氢配置就地制备利用与大范围优化相结合的格局。

加快完善氢能管理体系、技术标准体系，着力清除各类政策壁垒。2020年国家统计局首次将氢气纳入能源统计报表，各地方加氢站管理条例中多以燃气管理条例作为管理标准。有关部门应当加紧研究、尽快建立有效的协调联动机制，科学分析燃料电池用氢的安全性，确定安全合理的氢管理模式，把氢能纳入国家能源战略体系。正视氢的危险性，建立健全氢安全生产责任体系与标准化管理体系，将氢作为能源而非危化品管理。制定新的发展规划，从政策层面尽早破除制约氢能发展的标准检测障碍与市场准入壁垒。

5.3.2　产业链发展

未来中国绿氢产业链将发展为以绿氢为主体，涉及上游可再生能源电解制氢企业、中游氢储运企业、加氢站建设运营商以及下游多种氢应用领域。目前中国氢气主要应用于石油炼化、合成氨、合成甲醇等石化行业，少量作为工业燃料使用。未来，中国将实现更广范围的绿氢利用，涵盖交通、化工、发电、冶金、制热等众多领域。

上游制氢方面，推动上游绿氢规模化生产，降低可再生能源电价与电解槽成本是关键。随深度脱碳需求增加、绿氢经济性提升，氢能供给结构将从化石能源为主的灰氢逐步过渡到以可再生能源为主的绿氢，助力以新能源为主体的新型电力系统建设。中国光伏、风电等可再生能源产业发展迅猛，得益于技术进步、规模效应，中国西北、东北、西南等地区的可再生能源资源将得到充分开发，光伏、风电的度电成本将持续下降。随宏观政策调控与技术不断进步，电解槽将拥有更大槽体、更优秀制造工艺与质量品控，碱性电解槽、质子交换膜电解槽、固体氧化物电解槽等关键技术升级优化、瓶颈突破，电解槽系统成本造价降低，至 2060 年装机总量达到 8 亿 kW。未来绿氢生产成本不断降低、生产规模不断提升，绿氢在氢气供给侧结构占比逐渐扩大，在供给侧占比将由当前的不足 1%持续提升至 2050 年的 80%以上。按照 10%的毛利率计算绿氢平均售价，预计中国绿氢供应端市场空间在 2030、2050、2060 年将有望达到 800 亿、7000 亿、8000 亿元。

中游氢储运方面，提高能源利用率，高效平衡生产端与消纳端，是全产业链绿色发展的关键。大规模区域氢气调度将成为低碳清洁氢供应系统建设的重要环节，通过纯氢管道、天然气管道掺氢、输电代输氢、气氢拖车、液氢罐车、液氨等氢载体输运等多种方式的灵活组合，构建电－氢协同输送配置体系，有效降低运输成本和碳排放，发挥氢自身作为能源互联互通媒介的作用。加氢站等基础设施建设是未来基建重点内容。随着氢能交通规模扩大，加氢站的市场需求逐步提升，目前加氢站成本高，近期在经济基础较好、具备大规模氢燃料电池汽车推广条件的地区发展会较为迅速。2020 年年底中国加氢站数量达到 128 座，预计 2050 年具备加氢功能的能源供应站点将达到 1 万座以上，❶满足交通等领域的氢气供应需求。加氢站中压缩机、加注机等核心设备当前仍然依赖进口，随中国氢能产业发展不断推进、核心设备国产化进程亟待提升，中国未来加氢基础设施的市场规模将在 2030—2050 年间突破千亿元规模。

下游氢应用方面，激励应用领域关键技术创新，突破卡脖子环节。短期内绿氢首先在交通领域实现规模示范，氢燃料电池汽车将在公交车、重卡等领域实现清洁替代。目前质子膜、催化剂等核心材料对外依存度高，国内生产关键氢能装备企业非常少，技术方面存在卡脖子环节。激励应用领域技术创新、实现氢能设备与核心装备国产化将推动中国绿氢产业链良性发展。远期随绿氢成本不断下降，绿氢将在发电、化工、钢铁冶炼、高品位制热等领域进行渗透，在合成航空航海燃料、绿色化工、氢冶金等领域形成产业规模。

5.3.3　市场及服务平台

应大力推动绿氢市场基础能力建设，做好标准、计量、检测与认证体系，逐步构建统一开放、竞争有序的绿氢市场体系，着力清除各类政策壁垒，提升绿色发展的可持续性。

搭建绿氢交易平台，形成多元化市场主体共同参与的格局。促进供需互动，支持各类市场主体依法平等进入，形成多元化市场主体共同参与的格局，支持

---

❶ 数据来源：中国氢能联盟，中国氢能源及燃料电池产业白皮书（2020）。

利用现有场地和设施，开展油、气、氢、电综合供给服务。建设中长期交易、现货交易等氢气交易和辅助服务交易相结合的绿氢市场，使零排放技术在市场中得到补偿和奖励，增强技术应用企业发展内生动力。

成立产业基金，促进社会资本在绿氢产业链中的高效流通。目前氢能产业投融资金额快速增长，央企、国企和民营上市公司成为氢能产业的重要支柱力量。氢能产业链涉及各行各业，技术涉及面广且复杂，除大型支柱企业，同时要鼓励支持一批重点攻关关键技术和卡脖子环节的专精特新中小企业发展，服务于氢能产业链整体的完善。因此需要不断改善氢能产业的投融资环节，通过建立产业基金等方式支持企业发展、鼓励技术创新。

推动完善中国碳市场，发挥碳定价对氢能发展的促进作用。随碳排放权交易开市，各行各业绿色转型行动将逐渐落实于各项量化目标，"十四五"期间，将逐步纳入石化、化工、建材、钢铁、有色、造纸、航空等多个高效能行业。减碳项目将获得额外收益，氢能应用将迎来新的发展机遇。在全球能源转型的背景下，"碳边境税""边境调整费"等绿色国际贸易壁垒逐渐形成，需提前部署应对之策。推动碳定价、完善碳税政策将有效促进绿氢产业发展，减少产品各环节的碳足迹，提升中国在国际贸易中的话语权。

建设多元化多层次综合服务，构建多层次、多元化创新平台。聚焦产业链关键与共性技术环节，构建多层次、多元化创新平台。鼓励行业组织、龙头企业牵头搭建产品检验检测平台；加强氢能基础设施建设与数字经济融合共建，搭建氢能产业大数据平台，建立国内氢能产业数据统计体系与发展研究体系，推动科学决策。

附　录

附录 1　基础数据来源与详细信息

　　水文、风速、太阳辐射等资源数据是开展水能、风能和太阳能资源评估研究的基础。研究为实现数字化、多维度的水能、风能和太阳能资源评估，引入了全球地面覆盖物分布等地理信息类数据，以及全球交通与电网基础设施分布等人类活动相关数据，可以在理论蕴藏量评估的基础上，进一步开展技术可开发量和经济可开发量等多维度的评估测算。总体上，研究建立了全球清洁能源资源评估基础数据库，共包含 3 类 18 项覆盖全球范围的数据信息，见附表 1。

附表 1　GREAN 平台数据来源与详细信息介绍

类别	数据名称	数据来源，空间分辨率，数据类型
资源数据	全球中尺度风资源数据	Vortex 公司计算生产的全球风能气象资源数据 1，空间分辨率 9km×9km，栅格数据
	全球太阳能资源数据	GeoModel Solar 公司计算生产的全球太阳能气象资源数据 2，空间分辨率 9km×9km，栅格数据
地理信息类数据	全球地面覆盖物分类信息	全球地面覆盖物分类信息来源于中国国家基础地理信息中心发布的覆盖北纬 80°～南纬 80° 陆地范围的森林、草地、耕地等 10 个主要地表覆盖类型的辨识成果数据，空间分辨率 30m×30m，栅格数据
	全球主要水库分布	全球主要水库分布数据来源于德国波恩的全球水系统项目，包含了超过 6500 个人工水库，累计库容约 6.2 万亿 m^3，栅格数据
	全球湖泊和湿地分布	全球湖泊和湿地分布数据是由世界自然基金会、环境系统研究中心和德国卡塞尔大学合作开发，包含了人工水库外的湖泊和永久开放性水体，空间分辨率 1km×1km，栅格数据

类别	数据名称	数据来源，空间分辨率，数据类型
地理信息类数据	全球主要断层分布	全球主要断层分布数据来源于美国环境系统研究所，矢量数据
	全球板块边界分布	全球板块边界分布数据来源于美国环境系统研究所，矢量数据
	全球历史地震频度分布	全球历史地震频度分布数据来源于世界资源研究所，包含自1976 年以来里氏 4.5 级以上地震的地理分布，空间分辨率5km×5km，栅格数据
	全球主要岩层分布	全球主要岩层分布数据来源于欧盟委员会、德国联邦教育与研究部、德意志科学基金会等机构的联合研究成果，矢量数据
	全球地理高程数据	全球地理高程数据来源于美国国家航空航天局和日本经济贸易工业部的数字产品，空间分辨率 30m×30m，栅格数据
	全球海洋边界数据	全球海洋边界数据来源于比利时弗兰德斯海洋研究所，包含《联合国海洋法公约》中规定的 200 海里专属经济区、24 海里毗连区、12 海里领海区域等信息，矢量数据
人类活动和经济性资料	全球主要保护区分布	全球主要保护区分布数据来源于国际自然保护联盟和联合国环境规划署世界保护监测中心联合发布的全球保护区数据集，报告结合中国保护区分类标准进行了必要的翻译、归类和整理，矢量数据
	全球人口分布	全球人口分布数据来源于哥伦比亚大学国际地球科学信息网络中心，包含了 2000、2005、2010 年和 2015 年的人口分布数据，空间分辨率 900m×900m，栅格数据
	全球交通基础设施分布	全球交通基础设施分布数据来源于北美制图信息学会发布的全球铁路、机场、港口数据集以及由美国国家航空航天局社会经济数据和应用中心发布的全球公路网数据集，矢量数据
	全球电网地理接线图	全球电网地理接线图数据来源于全球能源互联网发展合作组织，涵盖了欧洲、亚洲、美洲、非洲及大洋洲共 147 个国家截至 2017 年年底的主干输电网数据，包括 110~1000kV 的交流电网和主要的直流输电工程，矢量数据
	全球电厂信息及地理分布	全球电厂信息及地理分布数据来源于谷歌、斯德哥尔摩皇家理工学院和世界资源研究所的联合研究成果，包含截至 2017 年年底火电、水电、核电、风电、光伏发电、生物质发电等全球电站的位置分布与装机容量等信息，矢量数据

注　1. Vortex System Technical Description，2017 January。
　　2. Solargis Solar Resource Database Description and Accuracy，2016 October。

附录 2　风光清洁能源评估主要参数推荐取值

风光清洁能源评估模型包括理论蕴藏量、技术可开发量、经济可开发量 3 个层次。其中，技术可开发量是指在评估年份技术水平下可以进行开发的装机容量总和，评估的关键在于结合不同开发方式，剔除因资源禀赋、保护区、海拔与海深、地面覆盖物等限制而产生的不宜开发区域，主要指标和推荐参数见附表 2。经济可开发量是指在评估年份技术水平下，技术可开发量中与当地平均上网电价或其他可替代电力价格相比具有竞争优势的装机总量，除与资源条件、发电设备的技术经济水平、政策环境相关外，还与影响发电成本的电力外送成本密切相关。报告参照中国电网技术标准和输变电工程造价，给出了清洁能源开发并网的陆上和海上输电方式选型条件、不同类型远距离输电工程的单位输电成本等经济性参数的推荐取值，见附表 3 和附表 4。

附表 2　技术可开发量评估模型主要指标和推荐参数

类型	限制因素	阈值	风能开发参数		光伏开发参数	
			集中式	集中式	分散式	分散式
资源限制	风速与 GHI	—	风速＞5m/s	风速＞4.5m/s	GHI＞1000kWh/m²	
技术开发限制	海拔与海深	—	陆地海拔	＜4000m	陆地海拔＜4500m	
			近海海深	＜150m		
保护区限制	自然生态系统	不宜开发	0%	0%	0%	0%
	野生生物类	不宜开发	0%	0%	0%	0%
	自然遗迹类	不宜开发	0%	0%	0%	0%
	自然资源类	不宜开发	0%	0%	0%	0%
	其他保护区	不宜开发	0%	0%	0%	0%
地面覆盖物限制	森林	不宜集中式开发	0%	10%	0%	0%
	耕地农田	不宜集中式开发	0%	25%	0%	10%
	湿地沼泽	不宜开发	0%	0%	0%	0%

类型	限制因素	阈值	风能开发参数		光伏开发参数	
			集中式	集中式	分散式	分散式
地面覆盖物限制	城市	不宜开发	0%	0%	0%	25%
	冰雪	不宜开发	0%	0%	0%	0%
	灌丛	适宜开发	80%	0%	50%	0%
	草本植被	适宜开发	80%	0%	80%	0%
	裸露地表	适宜开发	100%	0%	100%	0%
地形坡度限制	0~1.7°	适宜开发	1	1	1	1
	1.8°~3.4°	适宜开发	0.5	0.5	1	1
	3.5°~16.7°	适宜开发	0.3	0.3	1	1
	16.8°~30°	适宜开发	0.15	0.15	1	1
	>30°	不宜开发	0	0	0	0

附表 3 输 电 方 式 选 型

基地所处位置	与主网架的距离（km）	输电方式
陆上	<500	交流
	≥500	±800kV 直流
海上	<150	220kV 交流
	≥150	±320kV 柔性直流

附表 4 并网经济性参数推荐取值

陆上交流输电		
电压等级（kV）	输电距离（km）	单位输电成本 [美元/（km·kW）]
1000	500	0.28
745~765（750）	400	0.34
500	300	0.39

续表

陆上交流输电		
电压等级（kV）	输电距离（km）	单位输电成本［美元/（km·kW）］
380~400（400）	220	0.59
300~330	200	0.65
220	150	1.06
110~161（110）	100	1.37
陆上直流输电		
电压等级（kV）	输电距离（km）	单位输电成本［美元/（km·kW）］
±1100	3000~5000	0.14
±800	1500~3000	0.15
±500	800~1200	0.30
海上交流输电		
电压等级（kV）	输电距离（km）	单位输电成本［美元/（km·kW）］
220	150	3.33
海上直流输电		
电压等级（kV）	输电距离（km）	单位输电成本［美元/（km·kW）］
±320	150~400	1.26

注　采用中国交、直流典型输电工程造价和输电能力计算得到。

附录 3　资源-评估-需求分层优化算法

在开展绿氢潜力与成本的线性规划优化时，往往受限于计算能力与耗时，难以同时完成数千万个地理格点的协同优化，因此如何科学合理、分层次地开展优化计算将成为关键。具体上，研究采用了 9km×9km 空间分辨率的风光资源数据，为更准确地开展技术经济评估，采用 500m×500m 空间分辨率测算了技术可开发量与度电成本。因此，基于 GEI 情景预测时，由于研究往往以国家或大洲等较广阔空间为单位开展用氢需求分析，待优化区域将包含数万乃至数十万个资源数据，以及数千万个评估成果数据，优化计算研究呈现数据海量、耗时巨大、效率较低等特点。

因此，研究提出了"资源-评估-需求分层优化算法"。一方面，实现资源与评估结果数据的分辨率融合，采用加权平均法将评估数据的分辨率统一至 9km×9km，缩减变量个数、提高优化效率。另一方面，由于绿氢制备潜力与资源技术可开发总量正相关、度电成本负相关，研究提出了分层优化系数 ξ，数学表达式为

$$\xi = \frac{Cap}{\sum Cap} \cdot \frac{LCOE}{AverLCOE}$$

结合待优化空间大小按照合适分辨率进行分区，对于每个子区域，计算其技术可开发量 Cap 占全部待优化空间的比值，以及子区域度电成本 $LCOE$ 与全空间按照年发电量加权平均计算的度电成本 $AverLCOE$ 的比值，二者乘积即为分层优化系数 ξ。最后，将全部待优化空间的绿氢需求总量，按照分层优化系数进行加权分配，获得子区域绿氢制备总量，并以此为边界条件，开展绿氢潜力与成本优化。

附录 4 电−氢协同系统优化模型与方法

1. 模型目标函数

模型为线性优化模型，优化目标为总体年化成本最低，即

$$\min \quad C_{\text{tot}} = C_{\text{inv}} + C_{\text{fix}} + C_{\text{var}} + C_{\text{fuel}} \tag{1}$$

式中：C_{tot} 为总体年化成本；C_{inv} 为年化投资成本；C_{fix} 为年化固定运营成本；C_{var} 为年化可变运营成本；C_{fuel} 为燃料成本。

2. 各成本项计算

（1）投资成本

$$C_{\text{inv}} = \sum_p CRF \cdot UC_{\text{inv},p} \cdot k_p \tag{2}$$

$$CRF = (1+i)^l \cdot i / (1+i)^l - 1 \tag{3}$$

式中：$UC_{\text{inv},p}$ 为系统中某类型装置过程 p 的单位产能年化投资成本，可以是电厂、制氢装置、甲烷装置等；k_p 为系统中某类型装置过程 p 的产能；CRF 为资本年化回收因子（capital recovery factor）；i 为利率；l 为工厂寿命。

（2）固定运营成本

$$C_{\text{fix}} = \sum_p UC_{\text{fix},p} \cdot k_p \tag{4}$$

式中：$UC_{\text{fix},p}$ 为系统中某类型装置过程 p 的单位产能固定运营成本。

（3）可变运营成本

$$C_{\mathrm{var}} = \sum_p \sum_t UC_{\mathrm{var},p} \cdot a_{p,t} \qquad （5）$$

式中：$UC_{\mathrm{var},p}$ 为系统中某类型装置过程 p 的单位可变运营成本；$a_{p,t}$ 为系统中某类型装置过程 p 在第 t 时刻的产量。

3. 模型约束条件

（1）产能约束。对任意工厂，任何时间其产量不超过产能

$$a_{p,t} \leqslant k_{p,t} \quad \forall p \in P, t \in T \qquad （6）$$

（2）物质/能量平衡。对任意商品 m，任何时间、任何技术其进、出、存保持物料平衡

$$mb_{m,t} = \sum_p fl^{\mathrm{in}}_{m,p,t} - \sum_p fl^{\mathrm{out}}_{m,p,t} \quad \forall m \in M, t \in T \qquad （7）$$

式中：$fl^{\mathrm{in}}_{m,p,t}$、$fl^{\mathrm{out}}_{m,p,t}$ 为该商品 m 流入量和流出量，若 m 可出售，t 时刻可出售量为

$$d_{m,t} \leqslant mb_{m,t} \quad \forall m \in M, t \in T \qquad （8）$$

式中：$d_{m,t}$ 为商品 m 在 t 时刻的出售量或者需求。

（3）物质/能量转换

$$fl^{\mathrm{in}}_{p,m,t} = R^{\mathrm{in}}_{p,m} \cdot \tau_{p,t} \quad \forall p \in P, m \in M, t \in T \qquad （9）$$

$$fl^{\mathrm{out}}_{p,m,t} = R^{\mathrm{out}}_{p,m} \cdot \tau_{p,t} \quad \forall p \in P, m \in M, t \in T \qquad （10）$$

式中：$\tau_{p,t}$ 为工厂 p 在 t 时刻的工作状态；$R_{p,m}^{\text{in}}$、$R_{p,m}^{\text{out}}$ 为该商品 m 在工厂 p 的转换系数。

转换效率计算：假设工厂 p 进料 m_1，产品 m_2，则效率为

$$\eta = R_{p,m_2}^{\text{out}} / R_{p,m_1}^{\text{in}} \tag{11}$$

（4）技术产能通量

$$\Delta t \cdot P_p^{\min} \cdot k_p \leqslant \tau_{p,t} \leqslant \Delta t \cdot k_p$$
$$\left| \tau_{p,t} - \tau_{p,t-1} \right| \leqslant \Delta t \cdot PR_p^{\max} \cdot k_p \quad \forall p \in P, t \in T \tag{12}$$

式中：$P_p^{\min}$ 为工厂 p 最低单位工作状态；$PR_p^{\max}$ 为工厂 p 最大单位向上（ramp-up）和向下（ramp-down）爬坡速度。

（5）供应间歇性

$$fl_{m,p,t}^{\text{in}} = \Delta t \cdot TS_{m,p,t} \cdot k_p \quad \forall p \in P, m \in M, t \in T \tag{13}$$

式中：$TS_{m,p,t}$ 为工厂 p 产能时间序列，表现间歇性。

（6）节点间传输约束

$$k_{nn',tl,m} = k_{n'n,tl,m} \quad \forall n \in N, tl \in TL, m \in M \tag{14}$$

式中：n 为节点，n' 为另一节点，nn' 表示从节点 n 到节点 n' 的传输方向，假设传输为双向传输，并且两个方向传输能力相等，tl 为传输线路。

任意时刻 t 实际传输量 $a_{nn',tl,m,t}$ 不大于其传输能力，即

$$a_{nn',tl,m,t} \leqslant k_{nn',tl,m} \quad \forall n \in N, tl \in TL, m \in M, t \in T \qquad （15）$$

传输损失为

$$fl^{\mathrm{in}}_{nn',tl,m,t} = \eta_{nn',tl,m} \cdot fl^{\mathrm{out}}_{nn',tl,m,t} \quad \forall n \in N, tl \in TL, m \in M, t \in T \qquad （16）$$

式中：$\eta_{nn',tl,m}$ 为商品 m 在传输线路 tl 的传输效率。

图书在版编目（CIP）数据

绿氢发展与展望 / 全球能源互联网发展合作组织著 . —北京：中国电力出版社，2022.6（2024.8重印）
ISBN 978-7-5198-6515-3

Ⅰ . ①绿… Ⅱ . ①全… Ⅲ . ①水溶液电解–应用–制氢–研究报告–中国 Ⅳ . ①TE624.4

中国版本图书馆 CIP 数据核字（2022）第 022689 号

审图号：GS（2022）458 号

出版发行：中国电力出版社
地 址：北京市东城区北京站西街 19 号（邮政编码 100005）
网 址：http://www.cepp.sgcc.com.cn
责任编辑：孙世通（010-63412326） 柳 璐
责任校对：黄 蓓 李 楠
装帧设计：北京锋尚制版有限公司
责任印制：钱兴根

印 刷：北京九天鸿程印刷有限责任公司
版 次：2022 年 6 月第一版
印 次：2024 年 8 月北京第二次印刷
开 本：889 毫米×1194 毫米 16 开本
印 张：14.5
字 数：234 千字
定 价：230.00 元